DNA의 발견에서 유전자 조작까지

DNA 탐정

DNA의 발견에서 유전자 조작까지

DNA 탐정

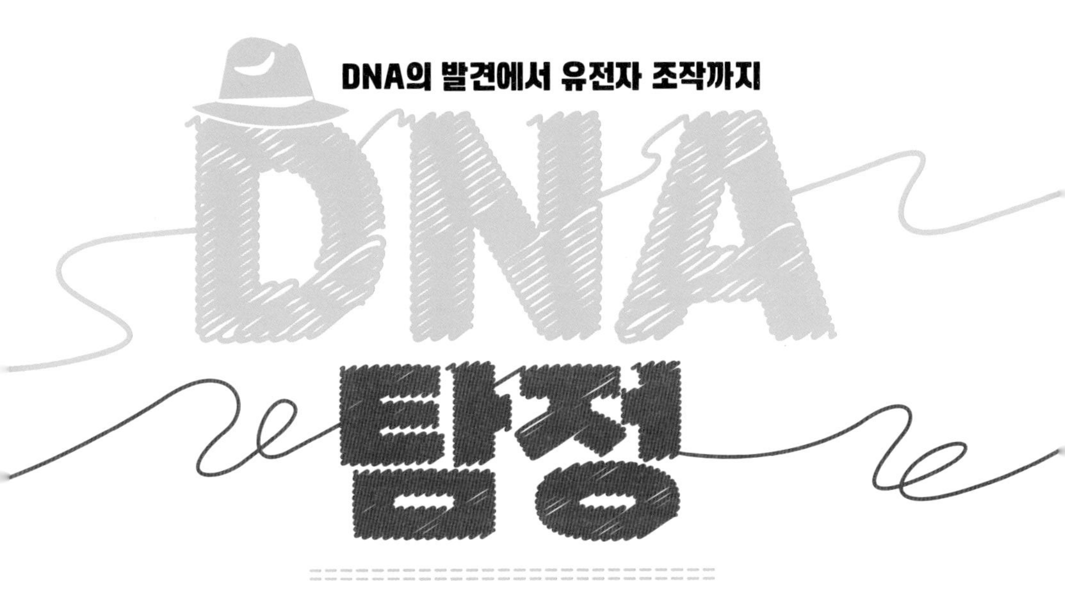

타니아 로이드 치 지음 | 릴 크럼프 그림 | 이혜인 옮김

라임

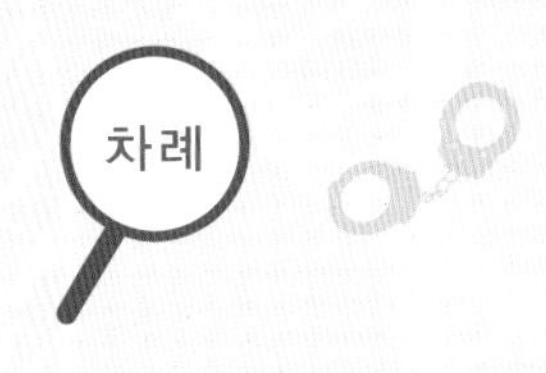
차례

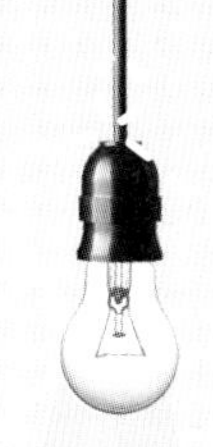

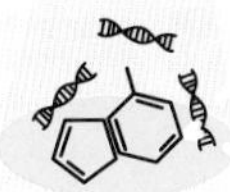

보석
〈사건 일지〉
1. 보석 가게에 도둑이 들었다.
2. 달아나는 도둑을 본 목격자가 있다.
3. 범인의 생김새나 옷차림은 정확히 보지 못했다고 한다.
4. 수억 원짜리 보석이 죄다 사라졌다.
탐정님, 꼭 해결하시기 바랍니다!
휴, 이렇게 큰 사건에 단서가 고작 이것뿐이라니! 이게 내가 맡은 첫 사건이라는 사실은 비밀로 하는 게 좋겠어.
모조 루비 팝니다.

DNA 지문을 발견하다!

도대체 누가 보석 가게를 털었을까? 너무도 당연한 얘기지만 도둑이 친절하게 자신의 이름과 전화번호가 적힌 명함을 남겨 두고 갔을 리는 없다. 하지만 명함 못지않게 중요한 단서가 남아 있을지도 모른다. 그것은 바로 DNA!

실제 범죄 수사에 도움을 주는 단서나 증거는 아주 다양하다. 목격자의 증언이나 CCTV에 찍힌 영상이 결정적인 역할을 할 때도 있고, 현장에 남아 있는 지문이나 발자국으로 범인을 추적하기도 한다.

그런데 만일 목격자가 거짓말을 한다면? 그때 하필 CCTV가 고장이 나는 바람에 화면이 흐릿하다면? 혹은 지문을 도저히 채취할 수 없는 상황이라면? 이럴 땐 더 확실한 증거를 얻어야 한다. 바로 DNA 분석을 통한 신원 확인!

그런데 DNA가 대체 무엇이길래 어렵고 복잡한 범죄 사건들을 척척 해결해 낸다는 걸까?

우리 몸에 숨겨진 암호, DNA

사실 DNA의 진짜 이름은 따로 있다. '데옥시리보핵산(Deoxyribo Nucleic Acid)'. 그런데 너무 길어서 과학자들조차 진짜 이름은 잘 쓰지 않는다. 아마 발음하기가 어려워서 그럴지도 모르겠다. 대신에 짧고 발음하기 쉬운 'DNA'라는 약자를 즐겨 사용한다.

우리 몸은 아주 작은 세포들로 이루어져 있는데, 거의 모든 세포의 한가운데에 DNA가 자리 잡고 있다. DNA는 사람의 몸에 주로 이런 명령을 내린다.

"팔과 다리는 두 개씩 만들어. 얼굴에는 눈, 코, 입이 필요해!"

귀여운 원숭이나 반짝반짝 빛나는 비단잉어의 DNA는 이렇게 주문을 할지도 모른다.

"기다란 꼬리와 북슬북슬한 털을 만들어 줘."

"아름다운 무지갯빛 비늘을 갖고 싶어!"

사람 한 명을 만들어 내는 데 필요한 모든 정보가 바로 DNA 안에 암호로 새겨져 있다. 하나의 DNA는 무려 30억 쌍의 암호로 이루어져 있다고 하니, 어마어마한 양의 정보가 작디작은 세포 안에 쏙 들어가 있는 셈이다. 말도 안 된다고? 그러게, 어떻게 눈에 보이지도 않는 조그마한 세포 속에 그렇게 많은 정보가 들어갈 수 있는 걸까?

자, 지금부터 약간의 상상력이 필요하다. 우선 어릴 때 갖고 놀던 용수철을 떠올려 보자. 끝을 잡고 쭉 늘이면 키만큼 늘어났다가, 끝을 탁 놓으면 한 손에 쏙 들어올 만한 작은 크기로 줄어드는 용수철 장난감 말이다.

DNA 분자도 용수철과 비슷하게 생겼다. 세상에서 가장 작은 용수철이라고나 할까? DNA는 용수철처럼 촘촘하면서도 단단하게 밀착되어 있기 때문에 조그마한 세포 안에 쏙 들어갈 수 있다.

그럼 우리 몸속에 있는 DNA 분자를 몽땅 꺼내서 한 줄로 이은 다음 쭉 잡아 늘이면 얼마나 길어질까? 우리 키만큼? 놀라지 마시라, 달까지 닿았다가 돌아올 수 있다. 그것도 무려 6,000번이나!

DNA를 자세히 들여다보면 기다란 용수철 모양의 선을 두 가닥 발견할 수 있다. 그 두 가닥의 선을 수많은 막대기가 서로 이어 주고 있다. 즉, 나선형으로 길게 이어지는 계단과 비슷한 모양이다.

빙빙 비틀려 올라가는 나선형 난간 모양의 두 가닥은 당(데옥시리보스)과 인산(포스파타아제)으로 구성되어 있다. 그리고 그 사이를 잇는 계단 모양의 막대기들은 아데닌(Adenine), 구아닌(Guanine), 시토신(Cytosine), 티민(Thymine)이라는 네 종류의 유기 화합물로 이루어진다. 화합물 역시 일일이 발음하기 힘들다는 그럴듯한(?) 이유로 이름의 앞 글자만 따서 간편하게 A, G, C, T라고 부른다.

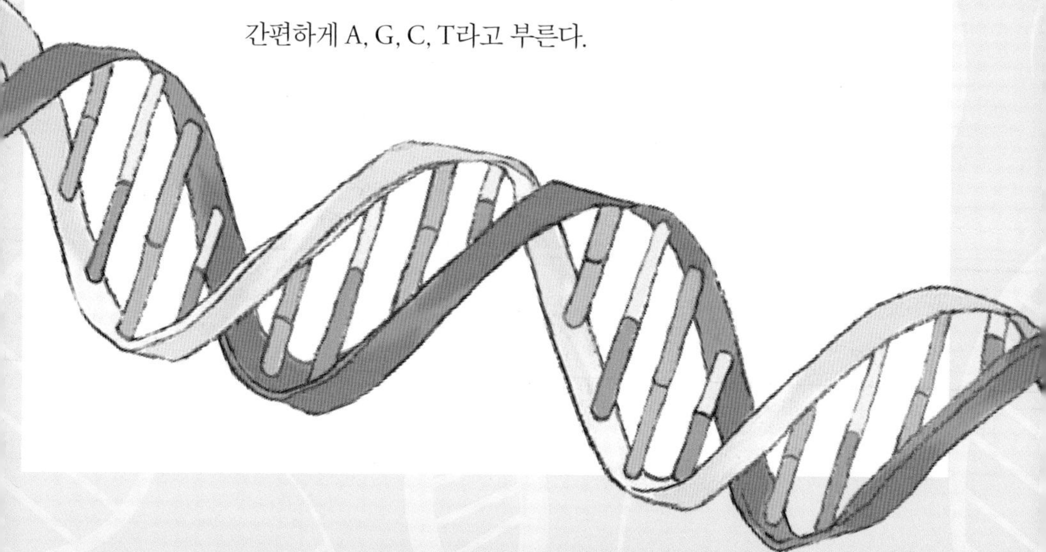

사람들은 저마다 독특한 DNA를 갖고 태어난다. 그 때문에 누군가의 눈동자는 검은색이지만, 또 다른 누군가의 눈동자는 파란색이다. 또, 유난히 키가 큰 사람도 있고, 비쩍 마른 사람도 있으며, 달리기를 무척 잘하는 사람도 있다. 사람에 따라서 귀 모양이 특이할 수도 있고, 다른 사람에 비해 손발이 작을 수도 있다. 한마디로, DNA에 따라 생김새가 다 다르다는 얘기다. 결국 DNA가 갖고 있는 자신만의 특이한 암호에 따라 모든 것이 달라지는 셈이다.

DNA가 최첨단 지문이라고?

사람마다 DNA에 독특한 암호를 갖고 있으니, '머리카락 모양과 눈동자 색깔이 차이 나는 내 친구와 나는 DNA가 엄청나게 다르겠지?'라고 생각할 수도 있겠다. 그런데 너무 놀라지 마시라! 내 DNA와 친구의 DNA는 깜짝 놀랄 만큼 서로 닮아 있다. 정확히 말하면, 99.9% 똑같다!

이게 바로 많은 사람들이 눈썹 두 개, 눈 두 개, 코 하나, 입 하나씩을 갖고 태어나는 이유이니까 너무 비슷하다고(?) 화를 내거나 불만을 갖지는 말자.

하지만 일란성 쌍둥이가 아닌 이상 친구와 나 사이엔 차이점도 꽤 많다. 한 사람이 가진 DNA는 총 30억 쌍의 유전 정보로 이루어져 있으니, 0.1%만 달라도 300만 가지의 차이점이 생기게 된다. 다시 말해, 지구에 사는 모든 인간에게는 저마다 300만 가지쯤 독특한 바코드가 찍혀 있는 셈이나 마찬가지다.

한 사람의 DNA에 새겨진 유전 암호는 규칙적인 모양으로 계속 반복된다. 그래서 과학자들은 DNA의 모양만 보고도 누가 누구와 친척인지 금방 알아맞힐 수 있다. 가족끼리는 DNA가 상당히 비슷한 반면, 아무런 관계가 없는 사람들은 사뭇 다르기 때문이다.

이런 게 범인 잡는 거랑 무슨 상관이 있냐고? 알고 보면 아주아주 큰 관련이 있다!

범죄 현장에서는 아무리 작고 사소한 증거라 해도 대충 보아 넘겨서는 안 된다. 침 한 방울이나 머리카락 한 올, 또는 희미한 핏자국까지도. 이 증거들을 모아 실험실로 보내면 과학자들이 규칙적으로 반복되는 DNA의 형태를 찾아낸다. 그리고 그 결과물을 컴퓨터에 입력해 용의자의 DNA 형태와 비교해 본다. 말하자면 DNA는 범인을 구분해 내기 위한 최첨단 지문과도 같다고 할 수 있다.

가끔은 아무도 예상치 못한 곳에서 DNA 증거를 발견할 때도 있다. 야구 방망이의 손잡이나 유리컵의 얇은 테두리, 혹은 이쑤시개의 끝 부분, 심지어 편지봉투에 붙인 우표의 뒷면 같은 곳에서 말이다.

보석 가게 주변을 샅샅이 뒤졌지만 지문은 하나도 나오지 않았어요. 죄송합니다, 탐정님. 대신 저희가 찾은 증거물이라도 보여 드릴까요?
네, 지금까지 찾은 것들이라도 곧장 실험실로 보내 주세요.
증거물에 묻은 땀이나 침, 피부 세포 한 점만 찾아내면 내 첫 사건을 멋지게 해결할 수 있을지도 몰라. 힘내자!
도난품
POLICE

1 강한 녀석이 살아남는 세상

사람들은 이미 수천 년 전부터 조상의 특징이 자손에게 대대로 전해 내려온다는 사실을 알고 있었다. 그래서 가축을 기르던 사람들은 튼튼하고 실한 암수를 골라 새끼를 낳도록 만들었고, 농부들 역시 가장 키가 크고 탐스러운 옥수수에서 씨를 받아 밭에 뿌렸다. 그래야 이듬해에 건강한 새끼와 질 좋은 옥수수를 얻을 수 있었으니까.

사람 역시 마찬가지였다. 코가 큰 부모에게서 코가 큰 아이가, 머리카락이 까만 부모에게서 같은 색 머리카락을 가진 아이가 태어날 확률이 높았다. 하지만 예전에는 그런 일들이 왜 일어나는지 이유를 정확히 알지 못했다.

다만, 고대 철학자들은 이렇게 추측했다.

- **작은 씨앗** : 약 2,400년 전, 그리스 철학자 히포크라테스는 여자와 남자의 몸에서 나온 아주 작은 씨앗이 만나 아기가 된다고 주장했다.
- **장기와 골격** : 그리스 철학자 아리스토텔레스는 엄마가 피와 장기를, 아빠가 골격을 각각 자식에게 물려준다고 말했다.
- **정신과 영혼** : 아주 오래전, 중국의 의사들은 아빠와 엄마가 함께 아기에게 생명의 기운을 불어넣어 준다고 믿었다.

하지만 당시에는 철학자들의 가설이 맞는지 틀리는지 알아낼 방법이 없었다. 1600년대에 현미경이 발명되고 나서야 우리 몸속의 세포를 하나하나 자세히 관찰할 수 있게 되었으니까. 그 후, 현미경으로 여성의 난자와 남성의 정자를 처음 발견했을 때 비로소 과학자들은 '혹시 이 세포들 덕분에 아기가 만들어지는 건 아닐까?' 하는 생각을 품게 되었다.

그렇다면 난자와 정자가 결합하여 새 생명에게 유전 물질을 전달해 준다는 사실은 단번에 깨달았을까? 그럴 리가! 과학자들은 그 후로도 이백 년 동안이나 옥신각신하며 다투었다. 한쪽에서 정자가 아기를 만드는 세포라고 주장하면, 다른 쪽에서는 난자가 아기를 만드는 거라고 반박하는 식이었다.

지금 돌이켜 보면 어리석기 짝이 없는 행동이지만, 당시에는 그럴 만한 이유가 충분히 있었다. 어떤 아기들은 태어날 때부터 아빠를 쏙 빼닮는가 하면, 어떤 아기들은 마치 찍어 내기라도 한 듯 엄마와 판박이였으니까. 게다가 가끔씩 엄마나 아빠에게는 없는 장애를 갖고 태어나는 아기도 있었다! 그러니 당시 과학자들이 보기에는 모든 증거가 그야말로 뒤죽박죽 섞여 있는 상태였던 것이다.

다행스럽게도 1700년대 중반, 영국과 프랑스에서 매우 중요한 사실을 연이어 발견했다.

• 너희가 양을 알아?

어느 날부터인가, 로버트 베이크웰이라는 영국의 양치기가 아주 큰돈을 벌어들이기 시작했다. 베이크웰이 기른 양들은 털이 탐스럽고 고기 맛도 좋은 데다 뿔도 없다고 소문이 난 덕분이었다. 실제로 베이크웰은 단순히 건강하고 우수한 품종의 양을 골라서 기르는 데 그치지 않고 혼자서 작은 실험을 하고 있었다. 즉 시장에서 높은 값을 쳐

줄 만한 특징이 있는 녀석들만 골라 교배를 시켰던 것. 그 결과, 베이크웰은 자신이 원하는 특징을 지닌 양을 만들어 내었다.

• 나만 닮은 게 아니라고!

프랑스의 수학자 피에르 루이 모페르튀이는 독일의 베를린에 사는 루헤 가문 사람들을 추적, 연구하고 있었다. 희한하게도 루헤 가문에는 한쪽 손과 발에 손가락과 발가락이 각각 여섯 개 이상인 다지증이 아주 흔하게 나타났기 때문이다. 오래도록 연구를 하다 보니, 루헤 가문의 다지증은 친가에서 전해지기도 하고, 외가에서 전해지기도 했다. 결국 모페르튀이는 양쪽 부모가 아이에게 골고루 유전 형질을 물려준다고 결론을 내렸다.

위의 사례들은 모두 자식이 부모의 형질을 골고루 물려받는다는 사실을 알려 주고 있다. 지금에 와서 보면 두 연구의 결과가 너무 뻔하다고 느껴질지도 모른다. 우리는 자라면서 '눈은 엄마를 닮았는데, 코는 아빠를 빼다 박았구나.' 하는 식의 이야기를 자주 들어서, 내 몸이 엄마와 아빠 양쪽에서 물려받은 것들로 채워져 있다는 사실을 진작부터 알고 있었으니까 말이다. 그렇지만 당연한 듯 보이는 이런 연구들도, 1700년대에는 유전학의 비밀에 성큼 다가서는 중요한 발판 가운데 하나였다.

나쁜 피를 조심해!

1800년대에 접어들 무렵, 사람들은 이제 질병이나 장애가 가계도를 타고 전해진다는 사실을 이해하게 되었다. 특히 유럽에서는 이러한 현상을 아주 단적으로 보여 주는 예가 있었다. 흔히 '왕실 병'이라 불리던 혈우병이 바로 그 증거였다.

혈우병에 걸리면 조그만 상처에도 쉽게 피가 날뿐더러 잘 멎지도 않는다. 그래서 어딘가에 부딪히거나 찔리게 되면 과다 출혈로 죽음에 이를 수도 있는 아주 위험한 병이다. 일반적으로 여성에 의해 유전되지만 증상은 남성에게 나타나는 경우가 많다. 내로라하는 유럽 왕실의 많은 남성들이 이 병을 앓았다.

영국의 빅토리아 여왕 역시 자식들에게 혈우병 유전자를 물려주었다. 그 유전자가 왕가의 혈통을 타고 다시 아랫대로 아랫대로 대물림되었다.

왕이 될 얼굴은 따로 있다?

스페인의 합스부르크 왕가 사람들은 초상화만 보고도 자기 가문에 속한 사람인지 아닌지를 한눈에 알아볼 수 있었다고 한다. 바로 '합스부르크 턱'이라고 불리던 독특한 모양의 턱 때문이었다. 딱 봐도 비정상적으로 길어 보이는 턱은 집안 대대로 이어진 근친결혼으로 가문의 DNA에 심각한 문제가 생긴 탓이었다. 그 결과, 합스부르크 왕가의 마지막 왕이었던 카를로스 2세는 주걱턱이 너무 심한 나머지, 아래윗니가 서로 맞물리지도 않는 지경에 이르렀다. 그래서 평생토록 음식을 씹거나 말을 하는 데 아주 큰 어려움을 겪었다고 전해진다.

그런 데다 영국의 왕자와 공주들이 각국의 귀족 집안과 혼인을 맺으면서, 혈우병은 영국에서 독일로, 또 스페인으로, 나아가 러시아까지 무서운 기세로 퍼져 나갔다. 결국 빅토리아 여왕의 아들 한 명과 손자 두 명, 그리고 여섯 명의 증손자가 혈우병으로 목숨을 잃었다.

당시에는 이와 같은 질병이 어떻게 전해지는지 알 수 없었지만, 적어도 부모로부터 자녀에게로 유전된다는 사실만큼은 알아차렸다.

갈라파고스 제도와 찰스 다윈

1831년, 영국의 젊은 박물학자 찰스 다윈은 남아메리카로 떠나는 비글호에 몸을 실었다. 유전에 대해 사람들의 관심과 이해가 부쩍 깊어지던 때였다. 영국의 플리머스 항을 출발한 비글호는 브라질을 지나 아르헨티나의 해안 절벽을 거쳐 남아메리카 남단을 돌며 항해를 했다. 그리고 영

다윈이 탄 비글호의 여정

국을 출발한 지 사 년 만에 에콰도르에서 서쪽 방향으로 약 971킬로미터 정도 떨어진 갈라파고스 제도에 도착했다.

갈라파고스 제도는 화산 폭발로 바닷속에서 불쑥 솟아오른 여러 개의 섬이 모여 있는 곳인데, 대륙으로부터 멀찌감치 떨어져 있기 때문에 동식물의 모습이 본토와는 상당히 달랐다. 수천 년의 세월이 흐르면서 갈라파고스 제도만의 독특한 생태계를 형성하게 된 것이다.

게다가 갈라파고스 제도는 스무 개 가까이 되는 주요 섬들이 뚝뚝 떨어져 있는 데다, 암초들이 드문드문 있어서 섬과 섬 사이를 자유롭게 건너다닐 수 있는 동물이 그리 많지 않았다.

그래서 갈라파고스 제도에 사는 원주민들은 등딱지의 무늬만 보고도 어느 섬에 사는 거북인지 척척 알아맞혔다고 한다. 뛰어난 박물학자였던 다윈은 그 점을 눈여겨보았다.

급기야 갈라파고스 제도의 신기하고 다양한 동식물의 매력에 푹 빠진 다윈은 연구 표본을 수집하기 시작했다. 물고기, 달팽이, 새, 파충류, 곤충 등을 가리지 않고 모아 하나하나 이름을 적고 상자에 넣었다.

1836년, 영국으로 돌아갈 무렵에는 다윈 앞에 무려 1,750쪽이나 되는 연구 기록과 깃털에서 뼈에 이르기까지 5,000종이 넘는 생물학 표본이 차곡차곡 쌓여 있었다. 마침내 특정 유전 형질이 가계도를 타고 내려오는 과정을 살펴보는 데 필요한 자료를 손에 넣은 셈이었다.

자연 선택설과 적자생존

5,000종이 넘는 표본을 다윈 혼자서 살펴보았냐고? 설마! 지금이야 첨단 장비도 많은 데다, 인터넷에 올려 네티즌 지식인(?)의 손까지 빌릴 수도 있지만……, 그 당시에는 언감생심이었다.

다윈은 표본의 일부를 여러 전문가들에게 나누어 보내기로 했다. 갈라파고스 제도에서 모은 자료에는 특히 작은 새의 표본이 많았다. 부리가 작고 뭉툭한 것에서 크고 날카로운 것까지 그 종류가 매우 다양했는데, 찌르레기나 콩새, 멧새처럼 잡다한 종류의 새이리라 짐작하고선 하나의 꾸러미로 만들어 새 전문가에게 보내 버렸다.

그런데 얼마 후, 새 전문가에게서 뜻밖의 소식이 날아왔다. 새의 표본이 많긴 하지만, 모두 참새목에 속하는 되샛과의 새, '핀치'라는 것이었다.

세상에! 이렇게 다양한 모양의 새들이 모두 같은 과에 속한다고? 한 조상에게서 갈라져 나온 새들이 어쩌면 이렇듯 다르게 생길 수가 있지? 순간, 다윈의 머릿속에 이런 생각이 번뜩 떠올랐다.

'혹시 내가 뚝뚝 떨어져 있는 섬을 총총대며 돌아다니다가 한 섬에서 한 마리씩 채집했는지도 몰라. 서로 다른 환경에서 나고 자라는 바람에 저마다 다른 특징을 갖게 된 게 아닐까? 서로 다른 섬에 살던 거북의 등딱지 무늬가 모두 달랐던 것처럼 말이야!'

곧 다윈은 머릿속으로 새로운 이론을 세웠다. 동물들이 각자 처한 환경에 맞춰 진화한다는 이론이었다. 하지만 그때만 해도 자신의 이론을 세상에 드러내 보일 마음은 없었다.

대신, 어마어마하게 많은 비둘기 떼를 사들였다. 다윈은 갑자기 왜 그랬을까? 비둘깃과에 속하는 새들이 굉장히 다양하다는 사실을 알고는 호

기심이 발동했기 때문이다.

중요한 이유는 더 있었다. 그토록 다양한 비둘기의 종류가 사실은 가장 흔하디 흔한 양비둘기에서 갈라져 나왔다는 사실을 증명하고 싶었던 것이다. 한때 사람들은 서로 다른 비둘기 종을 만들어 내려고 색깔과 크기 별로 교배를 시켰다. 바로 그 사실을 입증해 내고 싶었다.

다윈은 우선 새들이 부모에게서 받은 특정 형질을 다시 새끼에게 물려줄 수 있다는 사실에서 출발하기로 했다. 그리고 그 이론을 갈라파고스의 생태 연구 내용에 접목시켰다.

자연 상태에서 생물이 살아남는 데 고유한 특징 때문에 유리한 경우가 있다. 예를 들어 단단한 호두 껍데기를 부수려면 핀치의 부리가 큰 편이 훨씬 유리하다. 만일 가장 흔한 먹이가 호두라면? 두말할 필요 없이 부리가 큰 핀치가 더 건강하게 자랄 것이다. 부리가 작아 잘 먹지 못하고 자란 핀치보다 새끼도 더 많이 낳을 테고……, 새끼 역시 부모를 닮아 크고 강한 부리를 타고날 확률이 높다. 결국 그 섬은 부리가 큰 핀치가 차지하게 되는 것이다.

바야흐로, 1859년에 다윈은 《종의 기원》이라는 책을 펴내면서 자신의 이론

살아 있는 박물관, 갈라파고스 제도

갈라파고스 제도는 《종의 기원》이 출간된 지 정확히 100년이 되던 해인 1959년에 에콰도르 최초의 국립 공원으로 지정되었다. 오늘날 에콰도르 정부는 갈라파고스 제도의 생태계를 보존하기 위해 관광객의 수를 제한하고 있다.

에 '자연 선택설'이라는 이름을 붙였다. 간단히 말해 강한 개체가 오래 살아남아 더 많은 자손을 퍼뜨리며 유전 형질을 물려준다는 뜻이다.

다윈은 사람들이 '자연 선택설'을 쉽게 이해하지 못할까 봐 걱정이 된 나머지, 허버트 스펜서라는 동료 과학자의 이론을 조금 빌려 왔다. 그것이 바로 '적자생존'의 법칙이다.

적자생존의 법칙에 따르면 주변 환경에 가장 알맞은 형질을 가진 생명체가 곧 제일 강한 생명체이다. 다른 종이 적응하지 못하는 환경에서 끝까지 살아남아 그에 맞는 형질을 다음 세대에 전달해 주기 때문이다.

다윈은 오랜 연구를 통해 유전의 비밀에 아주 가까이 다가갔다. 그런데 부모의 형질은 자식에게 유전이 될 때도 있고 그렇지 않을 때도 있었다. 다윈은 그 이유를 끝내 알아내지 못했다.

대체 몸속의 어느 기관에서 형질과 관련 있는 명령을 내리는 걸까? 그리고 부모의 형질은 정확히 어떻게 자식에게 유전이 될까? 인류가 이 질문에 대한 답을 얻기까지는 그 후로도 아주 오랜 시간이 걸렸다.

멸종 위기에 빠진 태즈메이니아데빌

1800년대 중반에 들어서면서 다윈을 비롯한 몇몇 과학자들은 두 가지 중요한 사실을 알아냈다. 첫째로 모든 생명체는 각자 나름의 독특한 방식으로 주변 환경에 적응하며 살아간다는 것, 둘째로 다양성이 곧 힘이라는 사실이다.

즉, 같은 종 안에서도 개체별로 조금씩 다른 특성을 지니고 있어야 살아남는 데 유리하다는 점을 이해하게 된 것이다. 예를 들어 보자. 겨울은 동물들에게 아주 힘든 계절이다. 하지만 유독 추위에 강한 개체가 많은 종이 있다면, 혹독한 겨울이 닥쳐도 전부 얼어 죽지는 않을 것이다.

앞서 등장했던 갈라파고스핀치 역시 마찬가지다. 부리가 유난히 튼튼해서 딱딱한 견과류도 잘 먹는 핀치가 많으면, 가뭄이 들어 무른 과일이 잘 영글지 못했을 때도 딱딱한 먹이를 찾아 먹으며 그중 몇 마리는 끝까지 살아남을 것이다. 결국 변화하는 주변 환경에 적응할 수 있는 개체가 많을수록, 갑작스런 시련이 닥쳤을 때 한꺼번에 사라지는 일이 드물다는 뜻이다.

오스트레일리아 남부에 태즈메이니아라는 섬이 있다. 그곳에는 언뜻 보면 너구리를 닮은 것 같기도 하고 반달곰을 닮은 것 같기도 한 동물이 살고 있다. 그런데 성격이 사나운 데다 지독한 냄새를 뿜어내고, 끔찍한 소리로 울기까지 해서 '태즈메이니아데빌(악마)'이라는 이름이 붙었다. 사실 아주 오래전에는 태즈메이니아데빌이 오스트레일리아 전 지역에 퍼져 살았다. 그런데 약 4만 년 전, 이들의 천적이 오스트레일리아에 정

서로 으르렁거리는 태즈메이니아데빌

착을 하게 되었다.

바로 '인류'와 함께 오스트레일리아 들개라고 불리는 '딩고'가 등장한 것! 인류의 덫에 걸리고 딩고에게 잡아먹히기 시작하면서 태즈메이니아데빌의 수는 빠르게 줄어들었다.

태즈메이니아섬과 오스트레일리아 본토 사이에는 아주 깊고 넓은 해협이 놓여 있었다. 애초에 테즈메이니아데빌이 어떻게 그 험한 해협을 건너서 태즈메이니아까지 갈 수 있었는지 연구자들조차 의아해할 정도이다. 그런 이유로 섬에 무사히 도착한 태즈메이니아데빌의 수는 그리 많지 않았을 것으로 추측된다.

현재 섬에 살고 있는 15만 마리의 태즈메이니아데빌은 대부분 같은 조상으로부터 갈라져 나왔다. 유전학적 관점에서 보면 개체들이 너무 비슷하다는 약점을 안고 있는 셈이다.

이 약점은 최근 들어 심각한 문제를 일으키고 있다. 태즈메이니아데빌 사이에 전염성이 아주 강한 암이 빠르게 퍼지고 있는 것이다! 얼굴 부위에 생긴 암세포가 입속까지 번져 먹이를 못 먹는 경우가 태반이다.

만약 유전적 특징을 다양하게 지닌 종이었다면 어땠을까? 그중에는 얼굴에 발생하는 암에 저항할 수 있는 녀석도 분명 섞여 있었을 것이다. 하지만 태즈메이니아데빌들은 유전 정보가 서로 너무 비슷한 나머지, 마치 도미노가 쓰러지듯 한 마리씩 차례차례 죽어 나가기 시작했다. 그리하여 이제는 원래 개체 수의 삼분의 일밖에 남지 않아 멸종 위기에 놓이고 말았다.

최근 몇 년 동안 야생 동물 보호 기관에서는 건강한 태즈메이니아데빌을 찾아내 무리와 떼어 놓는 작업을 하고 있다. 그나마 남아 있는 개체군이라도 안전하게 보호하기 위해서이다.

그와 동시에, 건강한 태즈메이니아데빌들이 얼굴에 발생하는 암에 저항하는 유전자를 가지고 있는지 조사하고 있다. 만약 단 몇 마리만이라도

불안한 치타의 미래

아프리카에 사는 치타들도 태즈메이니아데빌과 마찬가지로 유전적 다양성이 상당히 부족하다. 과학자들은 마지막 빙하기를 거치면서 대형 고양잇과 동물들이 대부분 죽는 바람에, 몇 안 되는 개체로부터 번식해 왔기 때문이라고 추측한다.

암에 맞서 싸울 수 있다면, 저항력을 갖춘 새끼를 낳을 수 있으리라는 기대를 품고서.

생물학자들은 한 종이 멸종 위기에서 벗어나려면 많은 개체 수를 유지하는 동시에 유전적 다양성을 확보해야 한다고 말한다. 그것만이 갑작스러운 환경의 변화와 위협으로부터 야생 동물이 살아남을 수 있는 유일한 방법이니까!

형질은 어떻게 유전되는 걸까?

친구들의 얼굴을 쭉 한번 둘러보자. 아니면 식당에 모인 사람들을 관찰해도 좋다. 음, 별별 사람들이 다 있는데 뭘 보라는 거냐고? 바로 그거다! 우리는 주변을 대충만 둘러봐도, 똑같이 생긴 사람이 하나도 없다는 사실을 금세 깨닫게 된다.

심지어 가족끼리 비교해 봐도 뒤죽박죽일 때가 많다. 고모는 나더러 코가 아빠를 빼다 박았다고 하는데, 외할머니는 내가 엄마와 붕어빵이라고 하는 곤란한(?) 경험……, 누구나 한 번쯤은 해 봤을 것이다. 아니면 '부모님은 두 분 다 예쁜 쌍꺼풀이 있는데, 나만 왜 없는 거야!'라고 스스로 한탄한 적이 있을지도 모르겠다.

겉모습뿐만이 아니다. 건강 상태나 신체 조건도 마찬가지다. 아버지를 닮아 유난히 면역력이 좋은 사람이 있는가 하면, 어머니를 닮아 태어날 때부터 다른 사람보다 심장이 큰 사람도 있다.

쉽게 말해서 조금씩 차이는 나지만 우리 모두 가족의 유전 형질을 공유하는 '유전자 종합 선물 세트'라고 할 수 있다. 그런데 '형질'이라는 건 대체 어떻게 다음 세대로 전해지는 걸까?

유전 형질에 대한 비밀을 밝혀내 인류의 역사에 한 획을 그은 사람이 있다. 사람을 대상으로 실험을 했냐고? 아니, 아니, 인간은 너무나 복잡한 동물이기 때문에—프랑켄슈타인도 아니고—실험을 하기에는 여러모로 적합하지 않다. 그래서 그 사람은 기발하게도 인간 대신 완두콩으로 연구를 했다. 수천수만 개나 되는 완두콩으로 말이다!

멘델의 유전 법칙

여기, 굉장히 소심하고 내성적인 사람이 있다. 그런데 뛰어난 두뇌와 인내심만큼은 누구에게도 뒤지지 않는다. 놀랍게도 하고 싶은 거라고는 오직 공부뿐이다! 하지만 가난한 집안에서 태어났기 때문에 마음 놓고 공부를 할 수 있는 형편은 아니다. 이런 상황이라면 어떻게 할 것인가?

- ☑ 벌을 쳐서 꿀을 얻는 뒤 시장에 내다 팔아 학비를 번다.
- ☑ 언니나 누나의 결혼 자금으로 학교 공부를 끝까지 마친다.
- ☑ 사제가 되어 수도원에 들어간다.

오로지 공부를 하기 위해서 위의 세 가지 일을 모두 행동에 옮긴 사람

은 누구일까? 바로 '그레고르 멘델'이다. 가진 돈을 탈탈 털어 학비로 다 쓰고 난 후에도 성에 차지 않은 멘델은 1843년에 바야흐로 사제가 되기로 결심한다. 수도원에 들어가서 아무 걱정 없이 수학, 물리학, 식물학 등 학문의 세계에 흠뻑 취하고 싶었기 때문이다. 얼마나 공부가 하고 싶었으면!

1865년이 되자 멘델은 평생 공부에 쏟았던 열정을 그대로 모아 완두콩을 기르기 시작했다. 그리고 곧 완두콩의 형질이 부모 세대로부터 다음 세대로 전달된다는 사실과, 부모의 형질은 따로따로 유전된다는 사실을 발견했다.

예를 들면 노란 씨앗에서 큰 잎을 피워 낸 완두는 다음 세대에게 노란 씨앗과 큰 잎 둘 다 물려줄 수도 있고, 그중 한 가지만 물려줄 수도 있다. 각각의 형질이 유전될 수도 있고, 아닐 수도 있다는 뜻이다. 그렇게 수천수만 그루의 완두를 재배한 멘델은 두 가지 유전 법칙을 발견해서 정리한다.

· 분리의 법칙

자식은 엄마와 아빠에게서 유전 가능성을 반반씩 물려받는다. 부모로부터 각각 물려받은 형질 가운데 하나가 우성이면 나머지 하나는 열성이다. 그리고 열성에 비해 우성이 실제로 나타날 가능성이 훨씬 더 높다.

멘델의 완두콩 실험에서 씨앗의 색깔에는 '노란색'과 '초록색', 두 가지의 가능성이 존재하고 있었다. 암수 모두에게서 노란색 형질을 전달받은 완두콩은 당연히 노란색 씨앗을 만들어 냈다. 그리고 한쪽에서 노란색 형질을 받고, 나머지 한쪽으로부터 초록색 형질을 받은 완두콩 역시 노란색 씨앗을 생산했다. 완두콩은 노란색이 우성이기 때문이다. 암수로부터 초록색 형질만 물려받은 완두콩에서는 당연히 초록색 씨앗이 나왔다.

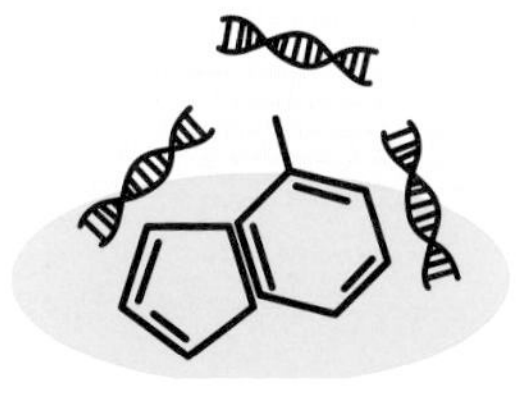

• 독립 유전의 법칙

서로 상관이 없는 유전 형질은 각각 독립적으로 유전된다. 완두콩이 다음 세대에 큰 잎을 전해 주었다고 해서, 노란 씨앗까지 반드시 물려주는 건 아니라는 의미이다.

멘델은 수학적 법칙에 따라 유전이 되는 형질을 예측할 수 있다고 믿었다. (오늘날 과학자들은 멘델이 완벽한 법칙을 얻어 내고 싶은 마음에, 수학 공식에 맞도록 실험 결과를 끼워 맞췄을 가능성이 있다고 추측하기도 한다.)

멘델은 이러한 연구 내용을 논문으로 발표했지만 학자들 사이에서 오래도록 아무 반응이 없었다. 그래서 다른 과학자들에게 자신의 연구를 소개하고 똑같은 실험을 해 달라고 부탁했다. 하지만 끝내 아무도 관심을 보이지 않았다.

몇 년을 애쓴 끝에 멘델은 세상이 자신의 발견에 조금도 눈길을 주지 않는다는 사실을 받아들였다. 게다가 그즈음 수도원장으로 임명되는 바람에 더 이상 유전학 연구에 시간을 쏟을 여유도 없었다.

1884년, 멘델은 결국 자신의 연구를 이어 갈 제자를 찾지 못하고 세상을 떠났다. 심지어 수도사들은 멘델이 남긴 자료들을 쓸데없는 종잇조각이라 여기고 모두 태워 버렸다.

아직 세상은 위대한 발견을 받아들일 준비가 되지 않았던 모양이다.

DNA의 비밀에 한 발짝 다가서다

멘델이 죽고 십육 년이 흐른 뒤, 세 명의 과학자가 실험을 통해 부모의 형질이 자손에게 각기 독립적으로 유전된다는 사실을 밝혀냈다. 그리고 각자 논문을 준비하는 과정에서, 혹시 이전에 비슷한 연구를 한 사람이 있는지 알아보기 위해 오래된 자료들을 뒤적거렸다. 멘델의 업적이 마침내 세상의 빛을 보게 되는 순간이었다!

멘델의 연구 전후로 다른 과학자들도 줄줄이 발견을 거듭했다.

- 1869년, 스위스 의사 프리드리히 미셰르는 백혈구의 한가운데 있는 핵을 관찰하다가 화학 물질을 발견한 뒤, 그 물질에 '뉴클레인'이라는 이름을 붙였다. 사실 미셰르가 발견한 물질이 바로 DNA였다. 물론 당시에는 고성능 관찰 도구가 없었기에 DNA 분자 구조를 속속들이 들여다보기는 어려웠다.

- 1900년대, 네덜란드에 휘고 드브리스라는 식물 생리학자가 살고 있었다. 사실 드브리스도 달맞이꽃으로 멘델과 비슷한 실험을 했다. 물론 멘델의 실험에 대해서는 까맣게 모르는 상태였다! 그런데 드브리스가 얻은 결과는 멘델의 법칙과는 상당히 달랐다.

  우선 드브리스는 형질이 규칙적이고 수학적인 법칙에 따라 유전되는 게 아니라, 오히려 갑자기 생겨난 돌연변이로 인해 새로운 종이 나타난다고 주장했다. 결과적으로 잘못된 이론이라고 판명이 났지만, 후대에 이루어질 다양한 유전 연구에 새로운 시각을 제공해 주었다.
- 1919년, 러시아의 생화학자 피버스 레빈은 어떤 화학 물질끼리 결합해서 DNA를 형성하는지 밝혀냈다.

이와 같은 새로운 발견을 통해, 인류는 지금도 DNA의 비밀에 한 걸음씩 차근차근 다가가고 있다.

좋은 소식이 있습니다, 탐정님!
증거로 찾은 장갑 안에서 DNA가
검출되었다고 합니다.
아, 그리고 수사관들 말로는
범인이 아주 값나가는 보석만
골라서 훔쳐 갔다고 하네요.
DNA 검사 중
쥐

흠, 범인은 보석 가게에 대해
아주 잘 아는 사람이겠군요.
가게 점원이든, 단골손님이든,
그 가게에 대해 잘 알고 있는
사람은 모조리 탐문하세요.
핫도그
도넛 & 커피

디 재스터(계산원)

러스티 해머(계산원)

테리 빌(절도 전과범)

캐미 솔(지배인)

해커 박사
(치과 의사, 단골손님)

엘라 베이더(보안 요원)

스탠 스틸(판매원)

데이지 피커
(바로 옆 가게 주인)

드웨인 파이프(관리인)

피아 너트
(슈퍼모델, 단골손님)

헤이즐 너트
(슈퍼모델, 단골손님)

아이다 가터웨이
(회계 담당자)

무엇을 조사해야 할까?

힌트 : 탐정은 장갑에서 범인의 것으로 추정되는 DNA 증거를 찾았다. 그럼 이제 용의자들에게서 무엇을 수집해야 할까?

정답 : DNA 표본

2 돌연변이의 정체를 밝혀라

만일 누군가 아빠를 닮아서 귓불이 아주 크다면, 주변 사람들은 종종 이렇게 얘기를 할 것이다.

"귓불이 큰 게 유전자에 들어 있나 보다."

"네 DNA에 귓불이 크다고 새겨져 있나 봐."

뭐, 둘 다 비슷한 말로 들린다고? 사실 과학적으로 엄밀히 따지면 유전자와 DNA는 조금 다른 개념이다. 한 유기체의 생명이 만들어지는 과정에서 유전자가 관여하는 단계와 DNA가 관여하는 단계, 그리고 염색체가 관여하는 단계가 서로 다르기 때문이다. 그럼 크기가 가장 작은 것부터 차례차례 살펴보도록 하자.

- **유전자** : 유전자는 쉽게 말해서 'DNA 토막'이라고 할 수 있다. 유전자에는 우리 몸의 각 부분을 구성하는 데 필요한 지시 사항이 새겨져 있다. 부모로부터 자식에게 형질이 유전되는 건 다 유전자 때문이다.

- **DNA** : 앞에서 '나선형으로 길게 이어지는 계단' 모양이라고 했던 사실이 기억나는 사람? 맞다. DNA가 바로 그렇게 생겼다. DNA는 수많은 분자로 이루어져 있는데, DNA의 긴 난간 두 가닥에 A(아데닌), G(구아닌), C(시토신), T(티민)이라는 염기가 다닥다닥 붙어 있다. 이중 나선 구조로 되어 있는 DNA 안에 우리 몸을 구성하는 데 필요한 모든 암호가 응축되어 있다.

- **염색체** : 크기가 가장 크다. 염색체는 기다랗게 이어진 DNA 가닥을 히스톤이라는 단백질이 돌돌 말고 있어서 마치 막대기처럼 보인다. 염색체 안에는 아주 많은 수의 유전자가 들어 있다. 인간의 염색체는 마흔여섯 개이며, 두 개씩 짝을 이루어 스물세 쌍으로 구성되어 있다.

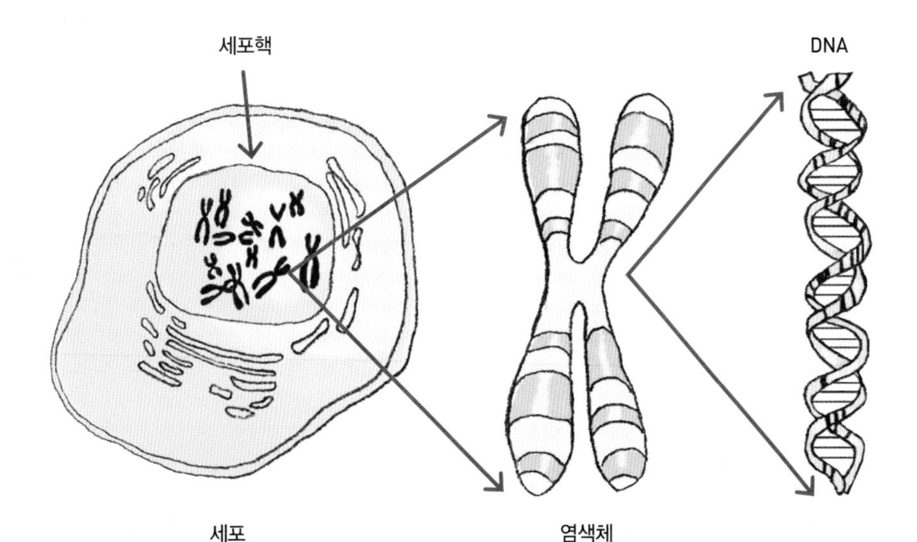

그렇다면 DNA와 유전자와 염색체는 어디에서 찾아볼 수 있을까? 아주 성능이 좋은 현미경으로 세포 하나를 자세히 들여다보면, 세포 한가운데에서 검은 점을 찾아볼 수 있다. 그 부분이 바로 세포핵이다. 세포핵은 세포의 두뇌이자 모든 명령을 주관하는 사령탑이라고 할 수 있다. 이 세포핵 안에 들어 있는 게 바로 염색체이다.

크기가 얼마나 되냐고? 일단 각자 상상을 해 보자. 그리고 무엇을 상상했든지 간에 그보다 훨씬 작다고 생각하면 된다! 학교 과학실에 있는 현미경으로 DNA를 볼 수 있냐고? 대략적인 세포의 모양이야 관찰할 수 있겠지만, 세포핵까지 보고자 한다면 학교 과학실의 현미경보다 무진장 성능이 더 좋은 장비가 필요하다.

이런 고성능 현미경이 발명된 지 채 백 년이 되지 않았으니, 그 당시 사람들이 염색체의 존재에 대해 까맣게 모를 수밖에 없었던 상황이 이해가 될 것이다.

꼼꼼한 유전자가 실수를 한다고?

세포는 스스로 분열하여 새로운 세포를 만들어 낸다. 이렇게 세포가 둘로 쪼개질 때마다 오래된 세포는 새로운 세포에게 정확한 유전 암호를 전해 주어야만 한다.

자, 학교에서 베껴 쓰기 숙제를 내 주었다고 상상해 보자. A4 한두 장 정도는 '이까짓쯤이야!' 하는 마음으로 앉은자리에서 뚝딱 해치울 수 있을 것이다. 그런데 베껴 써야 내용이 무려 30억 자가 넘는다면?(참고로 200자 원고지 1,500만 장 분량이다!) 장담하건대, 아마 베껴 쓰는 내내 여기저기서 실수를 하게 될 것이다.

우리 몸속에서는 하루에도 수백만 번씩 세포 분열이 일어난다. 각 세포 속 DNA에는 30억 쌍의 암호가 새겨져 있으니, 생각해 보면 어마어마한 양의 베껴 쓰기가 진행되는 셈이다. 그러니 유전 암호를 전달하는 과정에서 가끔 실수가 발생한다 해도 그리 놀랄 일은 아니다.

보통은 실수에 대비하기 위해 유전 암호마다 안전장치를 마련해 둔다. 혹시라도 DNA에 이상이 생길 경우를 대비해서 일종의 보험을 들어 놓는 것이다. 예를 들어 어떤 유전자가 여러분의 얼굴에 눈을 두 개만 만들라고 명령하면, 다른 유전자가 그 명령을 똑같이 반복하는 방식이다. 그렇게 하면 혹시 앞의 유전자가 베껴 쓰기를 하다 실수를 해도 눈이 세 개 만들어지는 일은 피할 수 있으니까. 이렇게 우리 몸은 유전 정보에 틀린 부분이 없는지 스스로 암호를 확인하는 과정을 계속해서 반복한다.

하지만 아무리 여러 번 반복하고 확인해도 실수는 발생한다. 그래서 가끔은 아주 커다란 실수가 유전 체계를 뚫고 나와 '돌연변이'를 일으키게 된다. 돌연변이란, 예상치 못한 유전자 구조의 변화를 말한다.

돌연변이가 생기면 생명체의 몸에 온갖 이상한 일이 발생하게 된다.

신비의 섬 소코트라에서 생긴 일

1,500만 년 전, 대규모 지각 변동으로 현재 중동에 있는 예멘이라는 나라의 남동부 지역 해안선이 크게 바뀌었다. 그 과정에서 인도양과 맞닿은 지표면의 일부가 바닷속으로 가라앉았고, 가까스로 물에 잠기지 않은 부분이 지금의 소코트라섬이 되었다.

그때만 해도 소코트라섬의 생태계는 육지와 크게 다르지 않았을 것이다. 하지만 수백만 년이 흐르면서 소코트라섬의 동식물은 먼 옛날에 떠나온 육지의 조상들과는 완전히 다르게 진화하였다. 그 결과 이 섬의 생태계는 지구상의 어느 지역과도 다른 모습을 띠게 되었다.

실제로 소코트라섬에서 자라나는 동식물들은 마치 외계 행성에서 온 것처럼 낯선 모양새를 하고 있다. 처음 도착한 탐험가들은 소코트라섬이 육지에서 떨어져 나왔다는 사실을 전혀 알아채지 못할 정도였다고 한다.

1990년대에 유엔은 소코트라섬에 연구원을 파견해서 동식물을 자세히 조사했다. 놀랍게도 연구원들은 지구상의 그 어떤 종과도 다른 700종의 생물을 발견했다. 소코트라섬에 정착한 생물들의 DNA는 몇 세기에 걸쳐 끊임없이 변화되었다. DNA에 새겨진 유전 암호가 아주 독특한 유기체를 만들어 내라는 명령을 내렸기 때문이다. 그 결과, 마치 SF 영화에나 나올 법한 신비스런 모습의 동식물들이 자라게 되었다.

• '사막장미'의 줄기는 항아리처럼 굵고 불룩하다. 거센 바람이 몰아치는 소코트라섬의 바위 절벽에 뿌리를 내리도록 진화했기 때문이다. 사막장미는 꽃가루를 옮

겨 줄 곤충을 유혹하기 위해 아주 짙고 선명한 분홍색 꽃을 피운다.

- '카멜레오 모나쿠스'라는 도마뱀의 몸통에는 아주 길고 가느다란 꼬리 하나와 날렵하고 민첩한 다리가 네 개가 달려 있다. 소코트라섬의 민간 설화에 의하면, 카멜레오 모나쿠스의 울음소리를 들은 사람은 말을 하지 못하게 된다고 한다.
- 새빨간 수액 때문에 '용의 피가 흐르는 나무'라는 이름이 붙은 '용혈수'는 가지가 하늘을 향해 넓게 뻗어 있어서, 멀리서 보면 거대한 버섯처럼 보인다. 산에 피어나는 안개에서 수분을 빨아들이기 위해 이런 모습을 갖추게 되었다고 한다.

소코트라섬에 서식하는 동식물들의 독특한 모습은 우연히 발생한 돌연변이에서 시작되었다. 어떤 돌연변이는 특별히 도움이 되진 않았지만, 딱히 해가 되지도 않는 실수로 끝났다. 또 다른 돌연변이는 척박한 환경

소코트라의 사막장미는 생김새부터 범상치 않다.

에서 살아남도록 도와주는 역할을 했다.

사막장미를 예로 들어 보자. 원래는 예멘 지역 어디서든 피어나는 흔한 꽃이었다. 하지만 소코트라섬의 장미 몇 송이는 DNA로부터 더 크게 자라라는 명령을 받았다. 그 결과 몸집이 커진 장미가 소코트라섬의 거센 계절풍에 맞서 꿋꿋이 견디며 살아남게 되었다. 작은 장미가 죽고 사라질 때에도 큰 장미는 끝까지 살아남아 후손에게 자신의 DNA를 물려주었다. 그렇게 수백만 년이 지나는 동안, 거대한 사막장미는 소코트라섬의 환경에 맞춰 적응하며 변화해 왔다. 그리고 마침내 지구상에 하나뿐인 특별한 종으로 남게 되었다!

1990년대 초반 유엔의 연구원들이 소코트라섬에서 목격한 진귀한 현상은 오래전 찰스 다윈이 갈라파고스섬에서 발견한 생태계의 진화 모습과 크게 다르지 않았다. 갈라파고스섬의 동식물도 아주 긴 세월에 걸쳐 우연히 일어나는 돌연변이를 수도 없이 경험했는데, 그중에서도 새의 부리 모양이 바뀌어 먹이를 더욱 잘 먹을 수 있게 된 것이 매우 유익했다. 그렇게 우연히 생겨난 새로운 형질 덕분에 동물이나 식물이 무사히 살아남아 다음 세대로 DNA를 전해 주는 것이다.

결과적으로 척박한 환경에 가장 완벽하게 적응한 동식물들이 소코트라와 갈라파고스섬의 주인이 되었다. 이것이 바로 다윈이 말한 자연선택설, 즉 환경에 가장 적합한 형질을 가진 생명체가 살아남는 과정이다.

물과 음식이 풍부하고 토양이 비옥한 곳에서는 다양한 동식물이 살아갈 수 있다. 생존하는 데 특별한 기술이 필요하지 않으므로 연약한 생물

최근에 기온이 빠르게 오르면서 산안개가 옅어지자, 공기 중 수분이 줄어들어 어린 용혈수들이 살아남기 어려워지고 있다. 과학자들은 소코트라섬에 사는 식물들이 빠른 기후 변화에 적응하지 못할까 봐 염려한다.

이 크게 번성하기도 한다. 그렇지만 거칠고 메마른 환경은 다르다. 척박한 환경에서는 제대로 적응한 생명체만이 살아남을 수 있기 때문이다.

유전학자가 된 농사꾼, 서턴

1900년대 초반에는 대부분의 과학자들이 부모로부터 자식에게로 형질이 유전된다는 사실을 인정하게 되었다. 그렇지만 어떻게 유전되는지에 대해서는 여전히 의견이 분분했다. 당시에는 크게 두 가지 이론이 대립하고 있었다.

다윈파 : 다윈이 맞아! 돌연변이는 끊임없이 일어나고 있어. 그중에 쓸모없는 형질은 사라지고 유익한 형질만 살아남는 거야. 그게 바로 진화지.

멘델파 : 아니야, 멘델이 맞아! 형질은 우성이냐 열성이냐에 따라 규칙적이고 예측 가능한 공식에 의해 유전된다고! 이게 바로 진화지.

어떤 말이 맞는지 확인하기 위해서는 세포 안에서 무슨 일이 벌어지고 있는지 좀 더 구체적이고 정확한 정보가 필요했다. 이 상황에서 중요한 정보를 제공한 사람은 뜻밖에도 미국 중부 캔자스 지방에서 밀밭을 일구던 평범한 농부였다.

월터 스탠버러 서턴은 좋은 체격을 타고난 천생 농사꾼이었다. 180센티미터가 넘는 키에 몸무게가 90킬로그램도 더 나가는 건장한 체격이라서 무거운 건초 더미도 번쩍번쩍 들어 올렸다. 그렇지만 장티푸스로 남동생을 잃으면서 의약에 관한 연구에 몰두하기 시작했다.

서턴의 초기 연구는 농장에서 크게 벗어나지 못했다. 처음 발표한 논문도 농장의 메뚜기를 연구 소재로 삼은 것이었다. 하지만 점차 연구 범위를 넓혀 갔다. 그리고 E. B. 윌슨이라는 과학자와 함께 유전 연구에 집중한 끝에 마침내 퍼즐의 중요한 한 조각을 맞추게 되었다.

1902년, 서턴은 다음과 같은 연구 결과를 발표했다.

1. 염색체에는 유전자가 들어 있다. 유전자는 다음 세대에 형질을 전달할 수 있도록 암호를 제공한다.
2. 인간은 염색체의 반을 어머니로부터, 나머지 반을 아버지로부터 받는다. 그래서 사람의 염색체는 모두 어머니와 아버지의 염색체가 반쪽씩 짝을 이루고 있다.
3. 인간은 태어날 때부터 가지고 있는 염색체를 평생 동안 간직한다.

서턴은 형질이 자손에게 어떻게 전해지는가에 대해 누구보다도 많은 사실을 알아냈다. 게다가 인간이 어떻게 유전 형질의 반을 어머니에게서 얻고 나머지 반을 아버지에게서 얻는지도 뚜렷이 밝혀냈다.

바로 세포 한가운데에 들어 있는 염색체가 유전 형질을 싣고 달리는 운송 수단이나 마찬가지였던 것이다!

짝이 맞지 않는 옷, X와 Y

인간은 부모로부터 총 스물세 쌍의 염색체를 받는다. 이 염색체들은 거의 대부분 질서정연하게 짝이 맞아떨어진다. 그중 딱 한 쌍만 빼고.

집안에 아기가 태어나 백일을 맞았다. 축하해 주기 위해 스물세 명의 친척들이 한집에 모였다. 그중 스물두 명은 아기에게 위아래로 짝이 맞는 옷을 선물했다. 파란 윗도리에는 파란 바지, 노란 윗도리에는 노란 바지, 이런 식으로 말이다. 그런데 이상한 성격의 친척이 한 명 나타나, 다른 친척들의 선물과 달리 보라색 윗도리에 초록색 바지를 선물했다. 맙소사,

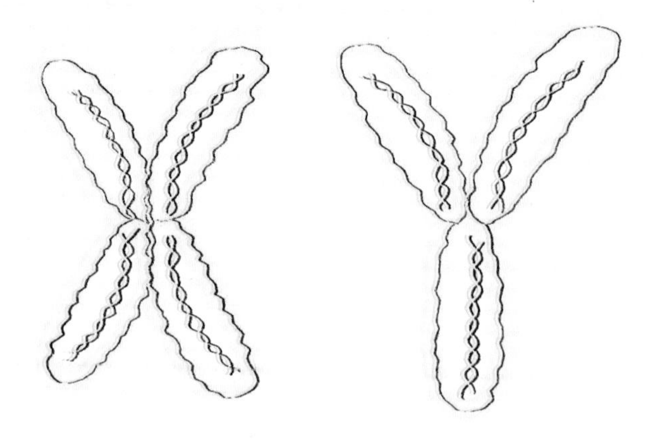

위아래 짝이 맞지 않는 선물이라니!

위에서 이야기한 '짝이 맞지 않는 옷'이 바로 사람 몸속에 있는 스물세 번째 염색체 한 쌍이다. 다른 스물두 쌍의 염색체에 비해 스물세 번째 염색체는 독특한 점이 있다. 왜냐하면 이 염색체가 아기의 성별을 결정짓는 열쇠를 쥐고 있기 때문이다!

여자 아기의 스물세 번째 염색체 짝은 둘 다 X자 모양인 반면에, 남자 아기의 염색체는 하나만 X자 모양이고 다른 하나는 Y자 모양이다. 그런데 Y 염색체에는 신기한 능력이 있다. 여기에는 'Y 염색체 성 결정 영역'

모르는 건 전부 Y 염색체 탓?

과학자들이 처음부터 Y 염색체의 기능에 대해 전부 알고 있었던 것은 아니었다. 그래서 이상한 현상만 발견하면 덮어놓고 Y 염색체 때문이라고 단정짓곤 했다. 심지어 귀에 나는 보기 흉한 털이라든가, 울긋불긋한 발진과 같은 증상도 Y 염색체 때문이라고 주장할 정도였다.

이라는 유전자—이를 줄여서 SRY라고 부른다.—가 있는데, SRY가 만드는 단백질은 다른 염색체들과 소통하면서 남성 발달을 촉진한다.

사실 여러분이 엄마의 자궁 안에 '배아' 상태로 있는 동안에는 아직 여자도 남자도 아니었던 셈이다. 그때 배아에게는 작은 생식샘이 있는데, 이 생식샘은 나중에 여자의 난소가 되거나 남자의 정소가 된다.

엄마가 임신 6주에 접어들면 배아에게 변화가 일어나기 시작한다. 남자아이의 경우 SRY가 단백질을 형성하기 시작하는데, 바로 그 단백질이 배아에게 남자가 되라고 지시를 내리는 것이다. 여자아이는 Y자 모양의 염색체가 없기 때문에 당연히 SRY 유전자도 없다. 따라서 특정 단백질 역시 만들지 않으므로 배아는 자연스럽게 여성으로 결정된다.

초파리와 사랑에 빠진 사람들

20세기 초반, 토머스 헌트 모건이라는 미국의 유전학자는 과학이 잘못된 방향으로 가고 있다는 걱정을 하고 있었다. 모건은 모든 것에 의문을 품고 끊임없이 질문을 던지는 과학자였다. 다윈이냐 멘델이냐를 놓고 곳곳에서 치열한 논쟁이 벌어졌지만, 모건은 그 어디에서도 두 이론을 완벽하게 뒷받침해 줄 증거를 찾지 못했다. 심지어 서턴의 세포핵 연구조차 완벽해 보이지 않았다. 어떤 과학자도 유전 법칙을 완벽하고 체계적으로 설명해 내지 못했다고 느꼈던 것이다.

그래서 모건은 자신이 직접 나서기로 결심했다. 우선 컬럼비아 대학교의 연구실에 총명한 학생들을 몇 명 모았다. 그는 짧은 시간 안에 많은 세대를 조사하려면 수명이 굉장히 짧은 개체를 대상으로 실험해야 유리하다고 판단했다. 그 조건에 딱 맞는 개체가 바로 초파리였다.

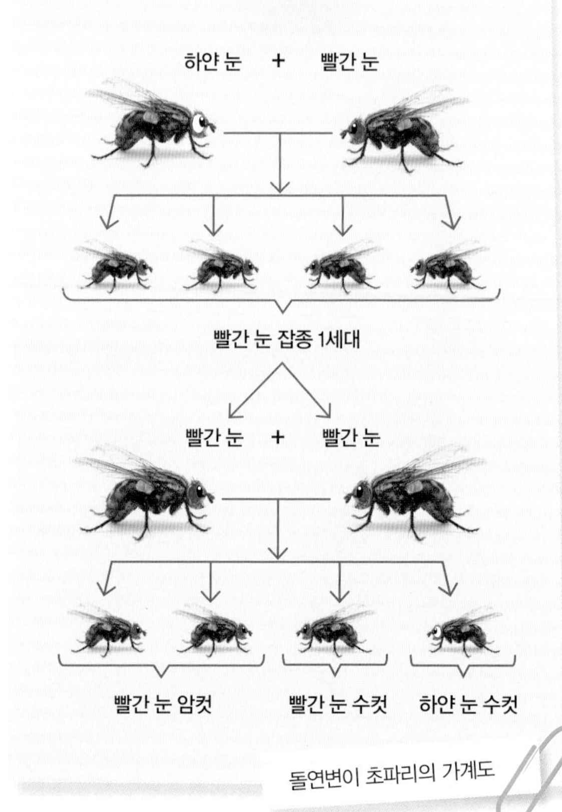

돌연변이 초파리의 가계도

모건은 초파리 수십만 마리를 모으기 시작했다. 그때부터 컬럼비아 대학교의 '초파리 방'에 놓인 학생들의 책상은 상한 우유병과 썩은 바나나 껍질로 잔뜩 어질러져 있었다고 한다.

1910년, 마침내 모건과 그의 제자들은 처음으로 초파리의 돌연변이를 발견했다. 바로 눈이 하얀 수컷이었다. 모건의 연구팀이 새로운 유전 형질을 발견한 것이다! 그런데 그 형질은 오직 수컷에게서만 나타났다.

모건과 학생들은 초파리든 사람이든, 여성은 XX 염색체를, 남성은 XY 염색체를 타고난다는 사실을 이미 알고 있었다. 그래서 고민에 고민을 거듭했다. 눈이 하얀 수컷은 있는데, 눈이 하얀 암컷이 없는 이유가 뭘까?

혹시 그 형질이 X 염색체에 의해 유전되는 것은 아닐까?

정답이었다!

모건은 이제 더 이상 의문을 품을 이유가 없었다. 더 많은 초파리를 이용해 실험을 거듭하면 할수록, 염색체가 유전 암호를 운반한다는 가설이 입증되었기 때문이다. 심지어 특정 형질이 어떤 유전자에 의해 발현되는지까지 찾아냈다.

모건은 초파리와 썩은 바나나 껍질을 이용해 유전학의 가장 커다란 비밀 하나를 밝혀낸 셈이다. 그리고 그 공로를 인정받아 1933년에 노벨 생리 의학상을 수상했다.

영양가 낮은 피는 싫어, 말라리아의 항변

우연히 발생한 돌연변이 덕분에 소코트라섬의 동식물은 척박한 환경에 잘 적응할 수 있었다. 또 어떤 돌연변이는 초파리의 눈 색깔을 하얗게 만들어 주기도 했다.

그런데 이러한 사실이 참 신기하긴 하지만, 우리 생활에 그다지 유용할 것 같지는 않아 보인다. 과연 인간에게 유익한 돌연변이도 있을까? 1949년, J. B. S. 홀데인이라는 영국의 과학자는 인간에게 이로운 유전병이 있다고 주장했다. 특히 혈액 질환 중 하나는 정말로 큰 도움이 될 수도 있다고 덧붙였다.

홀데인은 여러모로 천재적인 사람이었다. 세 살 때 글을 깨쳤을 뿐만 아니라 여덟 살에는 이미 아버지의 생물 실험실에서 연구를 시작했다. 공동 집필이기는 하지만, 첫 번째 과학 논문을 펴낸 것이 무려 스무 살 때 일이었다. 전공 분야는 수학과 고전 문학이었지만, 통계학과 생물학, 생리학, 유전학 등에도 위대한 업적을 남겼다. 심지어 SF 소설까지 썼다!

하지만 주위 사람들은 홀데인을 괴짜라고 불렀다. 심지어 아주 친한 친구들조차도. 왜 그랬냐고?

홀데인은 자기 몸에 무슨 일이 일어날지 궁금하다며 독한 염산 용액을 꿀꺽꿀꺽 마시기도 하고, 일부러 자신의 몸에 과다 호흡을 일으켜 증상을 관찰한 적도 있었다. 그것도 몇 시간씩이나! 뿐만 아니라 제1차 세계 대전 때는 적지에 몰래 숨어들어 폭탄을 설치하는 대담성을 발휘하기도 했다. 이런 사람이 아니면 누가 괴짜겠는가?

이처럼 괴짜였던 홀데인은 사람의 혈액을 연구하는 과정에서도 아주 희한한 이론을 내놓았다. 지중해 지역에 사는 사람들 중에는 적혈구의 세포 수가 정상 수치보다 조금 모자란 사람들이 많다. 즉, 다른 지역에 비해 빈혈에 시달리는 사람이 많다는 뜻이다. 하지만 그때까지 아무도 이유를 알지 못했다. 그런데 홀데인은 바로 그 빈혈이 말라리아로부터 지중해 연안 사람들을 보호하고 있다고 주장했다!

인류는 수천 년이 넘는 세월 동안 말라리아의 위험에 노출되어 왔다. 그 과정에서 사람의 몸은 말라리아에 대항할 수 있도록 충분한 시간에 걸쳐 적응해 왔다.

여기에 유독 특정 유형의 빈혈이 말라리아가 빈번한 지역에서 여러 세대에 걸쳐 유전되고 있다면, 그 빈혈이 중요한 역할을 하고 있는 것은 아닌지 의심해 볼 만하다. 예를 들어 말라리아 환자의 생존 확률을 높여 주는 돌연변이일지도 모른다. 여러 사람이 말라리아에 걸렸는데, 돌연변이를 일으킨 사람들만 비교적 많이 살아남았다고 가정해 보자. 그러면 환경에 적응한 돌연변이 형질이 다음 세대에 더욱 많이 전달될 것이다.

홀데인은 이미 1940년대에 이와 같은 이론을 세웠다. 아직 어느 누구도 DNA에 대해 정확히 모르던 시절이었다. 놀랍게도 홀데인의 추측은 정확했다! 그 후로 몇십 년 동안 많은 과학자들이 말라리아를 이겨 내는 데 빈혈이 도움을 준다는 사실을 입증해 보였던 것이다.

혈관을 빠르게 순환하는 적혈구 세포의 모습

빈혈 자체만 놓고 본다면 건강에 좋지 않은 질병이 분명하다. 하지만 유전학적으로 볼 때, 말라리아가 흔한 지역에서는 빈혈에 걸리는 것이 나쁘기만 한 일은 아닌 셈이다.

빈혈은 현대 의학으로 쉽게 고칠 수 있는 병이다. 하지만 홀데인의 이론과 후대의 연구 덕분에 의사들은 훨씬 더 중요한 사실을 알게 되었다. 어떤 경우에는 질병을 치료하지 않고 그대로 두는 것이 더 효과적일 때도 있다는 사실을 말이다.

알록달록한 돌연변이, 색맹

1990년, 에머슨 모저라는 사람이 삼십칠 년 동안 근무하던 크레용 회사에서 퇴직했다. 모저는 사람의 손으로 크레용을 하나씩 빚어내던 시절부터, 무려 일흔두 가지 색깔을 기계로 척척 섞고 굳히는 시대가 올 때까지 묵묵히 크레용을 만들어 왔다. 그사이, 모저와 동료들은 아주 많은 변화와 발전을 목격했을 것이다.

어쩌면 모저의 눈에는 그 광경이 늘 조금씩 다르게 비쳤을지도 모른다. 크레용 회사의 수석 디자이너였던 모저는 사실 색맹이었기 때문이다. 가끔은 여러 가지 색깔을 섞다가 자신이 맞는 색을 쓰고 있는지 동료에게 물어보곤 했다고 한다.

색맹은 유전적으로 타고나는 병이다. 1986년, 과학자들은 색깔을 구별하는 능력을 맡고 있는 유전자를 찾아냈다. 바로 그 유전자 때문에 어떤 사람의 눈에는 보이는 색깔이 누군가에게는 보이지 않을 수도 있는 것이다. 아마도 모저나 그의 조상 중 누군가의 몸속에서 세포를 복제하는 과정에 약간의 실수가 발생했던 모양이다.

그럼에도 불구하고 모저는 오래오래 행복하게 살았다. 비록 유전자의 한 부분이 돌연변이를 일으키기는 했지만, 그렇게 심각한 결과를 불러오지는 않았기 때문이다.

그런데 아주 결정적인 부위에 돌연변이가 일어난다면 어떻게 될까?

시간을 달려간 소년, 샘 번즈

1996년, 미국의 로드아일랜드주에서 귀여운 남자아이가 태어났다. 아기의 이름은 샘이었다. 울음소리도 우렁차고 아주 건강해 보였다. 그런데 얼마 지나지 않아 부모에게 큰 걱정이 생겼다. 한창 부드러워야 할 아기의 관절이 뻣뻣해지더니, 피부가 이상하리만치 팽팽하게 땅겼던 것이다. 그래서 그런지 아기가 쑥쑥 자라는 것 같지도 않았다.

결국 태어난 지 22개월 만에 샘은 조로증 진단을 받았다. 지금도 그렇지만, 그 당시에는 조로증이 무척이나 드문 질병이었다. 전 세계에 보고된 환자가 겨우 백 명 남짓 할 정도였다.

조로증에 걸린 아이들은 굉장히 빠른 속도로 나이를 먹는다. 한창 엉금엉금 기어 다니기 시작할 무렵에 벌써 머리카락이 빠지고 관절이 약해지기 시작한다. 조금 더 자라 어린이가 되면 마치 팔십 세 노인처럼 피부가 쪼글쪼글해진다. 각종 기관들도 약해져 심장병을 얻는 경우도 많다.

1990년대에는 특별한 치료법도 없는 상황이었다. 그래서 조로증 진단을 받은 아이들은 대부분 열세 살이 될 즈음에 심장마비나 뇌졸중으로 세상을 떠났다.

의사들은 샘의 부모에게 사실대로 이야기했다. 샘 역시 무서운 속도로 노화를 겪다가 곧 죽음을 맞이할 거라고. 그렇지만 샘의 아빠 스콧 번즈와 엄마 레슬리 고든은 아들을 포기할 생각이 전혀 없었다. 게다가 스콧 번즈는 유능한 소아과 의사였고, 레슬리 고든 역시 소아과 의사가 되기 위해 열심히 공부하고 있던 참이었다. 샘이 조로증 진단을 받고 채 이 년이 되지 않아, 부부는 조로증 연구 재단을 세우고 샘과 같은 아이들을 위한 치료법을 개발하기 시작했다.

조로증 환자 후원의 밤 행사에 가장 좋아하는 아이스하키 선수인 즈데노 카라와 함께 참석한 샘 번즈의 모습

2003년, 레슬리 고든이 이끄는 연구팀은 조로증 환자의 유전자와 그 부모들의 유전자를 비교하여 LMNA 유전자에서 돌연변이를 발견했다. LMNA 유전자는 세포의 핵을 지탱하는 중요한 역할을 하는 '라민 A'라는 단백질을 만드는

데, 조로증 환자는 이 단백질 구조에 결함이 생겨 세포핵이 불안정한 탓에 비정상적으로 빠른 노화가 진행되는 것이었다.

마침내 2009년, 암 치료 목적으로 개발된 약을 이용해 첫 번째 임상 시험을 시작했다. 여기에 발맞춰 샘 역시 자신의 꿈을 포기하지 않았다. 드럼을 굉장히 좋아하던 샘은 자신이 다니던 고등학교의 행진 음악대에서 연주하고 싶어 했지만, 드럼의 무게가 샘의 몸무게와 맞먹을 정도였다. 샘의 가족은 기술자를 찾아가 샘의 몸에 맞는 드럼을 만들어 달라고 부탁했고, 결국 샘은 3킬로그램가량 되는 드럼을 메고 친구들과 함께 행진하며 연주를 했다.

또 다양한 분야에서 훌륭한 업적을 남긴 사람을 초대하여 이야기를 듣는 〈테드〉라는 유명한 강연 프로그램에 강연자로 나서, 자신이 살아가는 이야기를 들려주기도 했다.

샘은 2014년 10월 1일, 열일곱 살의 나이로 세상을 떠났다. 하지만 사람들은 여전히 샘의 강연 동영상을 보며 용기를 얻고 있고, 샘의 가족이 설립한 자선 단체도 계속해서 연구에 필요한 자금을 기부하고 있다.

나만의 우월한 경쟁력, 돌연변이

멘델은 부모의 형질이 일정한 법칙에 의해 자식에게 유전된다고 주장했다. 월터 스탠버러 서턴이나 토머스 헌트 모건 같은 과학자들은 멘델의 생각이 옳았다는 사실을 증명해 보였다.

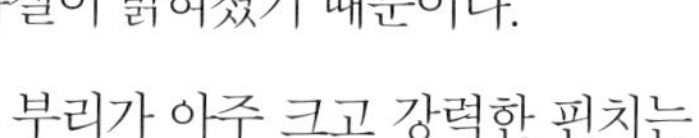

그런데 다윈의 말도 옳기는 마찬가지였다. 우연히 발생한 돌연변이 덕분에 생존한 개체는 자식에게 변화된 형질을 물려주고, 결국 환경에 잘 적응한 자손이 더 많이 살아남는다는 사실이 밝혀졌기 때문이다.

부리가 아주 크고 강력한 핀치는 갈라파고스의 새 주인이 되었다. 공기 중에 떠다니는 습기를 빨아들이는 가지 덕분에 거대한 버섯 모양으로 자란 용혈수는 소코트라섬 전역에 널리 퍼졌다.

때때로 과학자들은 갈라파고스핀치나 소코트라섬의 용혈수보다 더욱 희한하고 놀라운 생명체를 발견하기도 한다.

- **갈색 키위** : 뉴질랜드에 사는 키위는 콧구멍이 부리 끝에 나 있다. 땅속에 긴 부리를 콕 박은 뒤, 냄새로 벌레를 찾아내기 위해서이다.
- **말레이천산갑** : 개미핥기를 닮은 동남아시아의 말레이천산갑은 주로 흰개미를 먹고 산다. 이 동물은 골반 근처에 닿을 정도로 기다란 혀를 이용해 흙더미 속에 숨은 흰개미를 후루룩 빨아들인다.
- **남극 빙어** : 남극 빙어는 바다에서 곧장 산소를 흡수한다. 그래서 근육에 연료를 공급할 적혈구가 필요 없다. 남극의 바다는 온도가 너무 낮기 때문에 얼어 죽지

남극 빙어의 늠름한(?) 모습

않으려면 최소한의 에너지로 목숨을 이어 가야 한다. 그래서 남극 빙어의 유전자는 헤모글로빈을 없애 피의 점도를 낮추고 혈관의 굵기는 굵게, 심장은 크게 만들어서 적은 에너지로도 혈액을 순환시킬 수 있도록 진화한 것이다. 덕분에 추운 바다에 잘 적응해서 살아갈 수 있게 되었다.

수백만 년 전에는 남극 빙어에게도 헤모글로빈이 있었다. 어떻게 아냐고? 과학자들이 남극 빙어의 몸속을 들여다보았더니 헤모글로빈을 만들 수 있는 유전자가 여전히 남아 있었기 때문이다. 하지만 유용한 돌연변이를 일으킨 뒤로 그 유전자는 쓸모없게 되어 버렸다. 말하자면 더 이상 기능하지 않게 된 유전자는 남극 빙어가 진화한 과정을 보여 주는 흔적으로만 남게 된 것이다.

탐정님, 진열대에 전시해 놓았던 루비는 모두 가짜래요. 가게 주인이 그러는데 보석함 하나에 가짜 루비와 진짜 에메랄드를 함께 넣어 놓았다고 합니다. 그런데 범인은 빨간 루비는 그냥 두고 초록색 에메랄드만 훔쳐 달아났대요.

슬슬 감이 오는군요. 혹시 용의자들을 조사할 때 그 사람들에게 특이 사항이 있는지도 꼼꼼히 물어봤나요?

어떤 용의자를 수사 대상에서 제외시켜야 할까?

힌트 : 이 사건을 흑백논리로 해결하려 들면 곤란하다.
보석함에 들어 있던 보석의 색깔이 다르다는 점에 주목하라!

정답 : 해커 박사

3 DNA 암호를 해독하는 방법

사람들의 고유한 유전자 패턴을 이용해 아주 특별한 초상화를 만들어 주는 곳이 있다. 한 사람의 유전자 검사 결과를 보내면 색색의 줄무늬로 이루어진, 반짝반짝 빛나는 바코드 모양의 액자를 보내 준다. 심지어 원하는 크기를 직접 고를 수도 있다!

DNA와 관련된 과학 기술은 놀라울 만큼 빠르게 발전했다. 불과 백 년 전까지만 해도 인류는 DNA가 어떻게 생겼는지조차 몰랐으니까. 물론 그때도 과학자들은 DNA가 세포의 한가운데에 있다는 점과 유전에 결정적인 역할을 한다는 사실 정도는 알고 있었다.

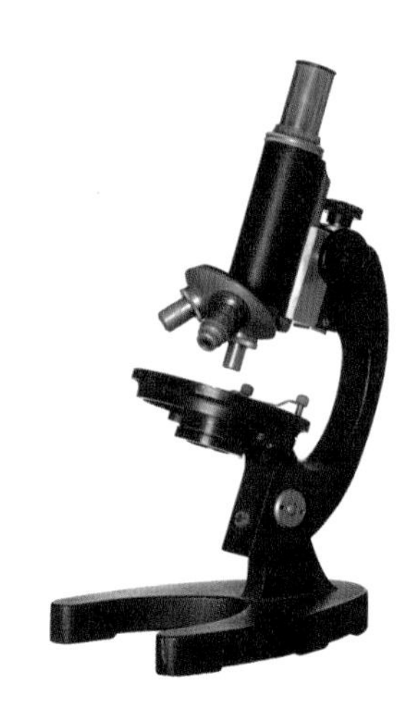

하지만 DNA가 어떤 모양인지, 얼마나 큰지, 어떤 식으로 존재하는지는 알지 못했다. 왜 몰랐냐고? 이유는 아주 간단하다. 당시의 과학 기술로 관찰하기에는 DNA의 크기가 너무 작았다.

시간이 흘러 마침내 '엑스선'의 시대가 열렸다. 흔히 엑스선이라고 하면 뼈가 부러졌을 때 병원에서 사진을 찍는 도구로만 생각하기 쉽다. 그런데 알고 보면 엑스선은 빛에 더 가깝다. 빛이 거울에 닿으면 일정한 각도로 반사되어 튕겨 나오듯, 엑스선 역시 물질에 닿으면 반사되어 밖으로 흩어지게 된다. 과학자들은 이렇게 튕겨 나온 엑스선의 패턴과 파장을 이용해 작은 물질의 모양을 추적한다. 이렇게 원자나 분자가 일정한 법칙에 따라 배열되어 있는 물질을 '결정'이라 한다.

혹시 이런 질문을 떠올리는 사람도 있을 것이다. '그렇게 작은 물질에서 어떻게 결정을 얻을 수 있다는 거지?' 과학자들은 분자의 모양을 관찰하고 싶을 때, 분자의 일부를 채취하여 특정 용액에 담근 뒤 특수한 물질을 섞는다. 그러면 분자와 용액이 뭉치면서 작은 방울을 이루게 된다. 그

방울을 꺼내 가만히 놓아두면, 마지막에 섞은 특수한 물질이 증발하면서 용액이 점점 농축된다. 그러면서 용액이 분자와 엉겨 붙어 삼차원의 결정이 만들어진다.

모든 분자가 다 그렇다고 할 수는 없지만, 다행히 DNA 분자는 위와 같은 방식으로 결정을 만들어 낼 수 있다! 물론 결정을 만들어 냈다 하더라도, 엑스선을 이용해 분자의 구조를 파악하는 건 결코 쉬운 일이 아니다. 반사된 상이 여러 겹으로 겹쳐 보이기 때문이다.

그래서 맨 처음 DNA 결정이 만들어 낸 이미지를 해독하고 유전 암호의 밑그림을 그려 내기까지 엑스선 결정학자들의 끊임없는 노력과 도움이 필요했다. 그 밑그림을 바탕으로 누구나 쉽게 이해할 수 있는 DNA 구조 모형을 만들어 낼 때도 마찬가지였다.

엑스선으로 밑그림을 그리다, 프랭클린

1930년대, 아직 어린아이였던 로절린드 프랭클린은 런던에 있는 세인트 폴 여학교에 다니고 있었다. 당시 여학생에게 과학을 가르치는 학교는 세인트 폴 여학교를 포함해 몇 군데밖에 없었다. 프랭클린은 이곳에서 초등 교육을 받으며 생물학과 화학의 기초를 다졌다.

프랭클린이 과학을 배울 수 있는 학교에 다녔던 건 그야말로 행운이었다. 그 덕분에 과학에 대한 열정을 무럭무럭 키울 수 있었으니까. 아니, 프랭클린이 성장해 유전학 분야에 큰 공헌을 했으니, 인류 전체의 행운이었다고나 할까.

프랭클린은 케임브리지 대학교에서 박사 학위를 받은 뒤, 파리로 건너가 엑스선 결정학의 대가가 되었다. 그리고 파리에서 바이러스 사진으로 명성을 얻은 뒤 오십 편에 가까운 논문을 발표하고, 세계 곳곳을 돌아다니며 강연을 했다.

그리고 마침내 DNA 사진에 관심을 쏟으면서부터 자신의 연구 성과를 모리스 윌킨스라는 과학자와 공유하기 시작했다.

사실 엑스선 결정법을 이용해서 DNA의 생김새와 구조를 파악하려는 시도는 프랭클린 이전에도 있었다. 하지만 초기에 얻은 이미지들은 너무 흐릿해서 그다지 쓸모가 없었다. 여러 겹으로 반사된 상과 그림자를 명쾌하게 해석할 만한 표본을 만들어 내지 못했기 때문이다.

그런데 프랭클린이 만든 이미지는 달랐다. 서로 다른 두 가지의 DNA 결정을 비교적 명확하게 보여 주고, 그것들을 각각 'A형'과 'B형'이라고 불렀다.

DNA는 습도가 높으면 길고 가는 모양이 되지만, 건조한 환경에서는 짧아지고 굵어진다. 즉 습도에 따라 모양이 변한다. 비슷한 시기에 다른 과학자들이 얻은 이미지에는 그 두 가지 형태가 서로 뒤섞여 있었지만, 프랭클린은 긴 형태와 짧은 형태를 각각 따로 포착해 냈다.

프랭클린은 건조한 환경에서 만든 표본을 A형, 습한 환경에서 만든 표본을 B형이라고 불렀다. 그리하여 그 이전의 사진보다 DNA 구조가 명확히 드러나는 엑스선 이미지를 만들어 냈다.

그 덕분에 다음과 같은 세 가지의 중요한 사실이 밝혀졌다.

1. 이중 나선 구조를 이루는 두 가닥의 인산 뼈대 안쪽에는 염기가 다닥다닥 붙어 있다.
2. 한쪽 인산 뼈대에 붙은 염기는 위에서 아래 방향으로 일정한 패턴을 만든다.
3. 맞은편 인산 뼈대에 붙은 염기는 아래에서 위 방향으로 일정한 패턴을 만든다.

프랭클린은 두 가닥의 뼈대에 붙은 염기가 각각 거울에 비친 상처럼 서로 역방향으로 완벽한 대칭을 이룬다는 사실도 밝혀냈다. 그 덕분에 과학자들은 유전 암호에 대해 이전과는 완전히 다른 방식으로 접근하게 되었다. 그러니까 프랭클린의 발견은 DNA 구조에 대한 당시의 인식을 완전히 새롭게 바꾸어 놓았다.

그러나 불행히도 프랭클린은 서른일곱이라는 젊은 나이에 난소암으로 세상을 떠나고 말았다. 물론 그 짧은 시간 동안에 이룬 프랭클린의 업적은 전 인류에게 크나큰 축복이 되었다.

하지만 1958년에만 해도 사람들은 프랭클린이 밝혀낸 DNA 이미지의 진정한 가치를 깨닫지 못했다. 사실 DNA라는 것이 있다는 사실조차 모르는 사람이 더 많았으니까.

DNA 복제와 세포 분열

프랭클린이 남긴 이미지 속의 DNA는 가늘고 길게 늘어난 모양을 하고 있다. 이건 바로 DNA가 복제되기 직전의 상황을 포착한 것이다. 지금 이 순간에도 여러분의 몸은 새로운 세포를 수백만 개씩 만들어 내고 있다. 이미 존재하는 세포를 복제해서 분열해 나가는 방식으로 말이다.

준비 없이 마구 만들어 내는 것 같아서 불안하다고? 쓸데없는 걱정은 붙들어 매시길! 분열에 앞서 DNA에 새겨진 유전 정보가 아주 신중하게 복제되니까. 그다음에야 비로소 세포가 둘로 분열하게 된다.

물론 DNA를 복제한다는 건 말처럼 그리 간단한 일은 아니다. 앞에서 '베껴 쓰기' 숙제에 비교했듯이, 세포가 둘로 분열되기 전에 30억 쌍의 암

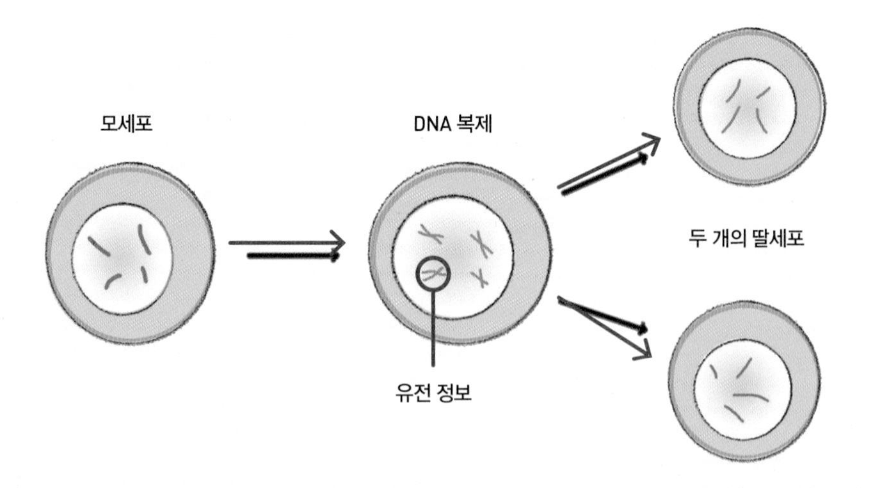

세포의 숨겨진 재능, '교정'

한 권이 책이 출간되기 전에 편집자가 원고를 미리 꼼꼼하게 읽으며 오타가 없는지 확인하는 교정 과정을 거친다. 세포도 마찬가지. 세포 안에 들어 있는 효소는 DNA가 복제되는 과정을 반복해서 확인한다. 과학자들은 이것을 '교정 판독' 기능이라고 부른다.

호를 똑같이 새로 만들어야 하니까.

다행스럽게도 우리 몸의 세포 안에는 효소라고 불리는 성실한 꼬마 일꾼들이 있다. 세포 분열에 앞서, 먼저 효소가 DNA의 인산 뼈대 두 가닥을 떼어 낸다. 마치 옷의 지퍼를 쭉 내려서 두 줄을 분리하는 것처럼 말이다. 그런 다음 효소는 한쪽 뼈대를 쭉 따라 내려가며 아주 꼼꼼하고 세세하게 유전 암호를 복제하기 시작한다.

각각의 인산 뼈대에는 네 가지 염기가 붙어 있다. 앞에서 알아보았던 A(아데닌), T(티민), C(시토신), G(구아닌)이 바로 그것이다. A는 언제나 T와 짝을 이루고 C는 항상 G와 연결된다.

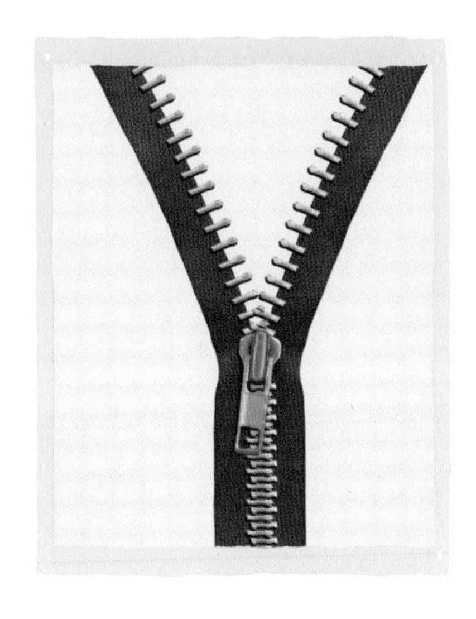

이때 염기가 올바르게 짝을 지을 수 있게 만들어 주는 것도 효소이다. 효소들은 A 근처에 다다르면 얼른 T를 만들어 내고, C를 발견하면 곧바로 G를 생산한다.

그렇게 염기를 복제하다 보면, 어느새 원래 뼈대와 완벽하게 대칭을 이루는 새로운 인산 뼈대가 만들어지게 된다. 여기서 원래의 뼈대를 '부모', 효소가 새로 복제해 낸 뼈대를 '딸'이라고 부른다.

DNA가 전부 복제되고 나면, 마침내 세포 분열이 일어난다. 원래 하나였던 세포가 둘로 분리되며 똑같은 DNA를 나누어 갖게 되는 것이다.

DNA의 나선형 구조를 알아낸 윌킨스

어린 시절 내내 과학에 흠뻑 빠져 있던 사람이 로절린드 프랭클린만은 아니었다. 모리스 윌킨스는 직접 과학 실험 도구를 만드느라 시간 가는 줄도 몰랐으니까. 윌킨스는 현미경과 망원경을 너무 좋아한 나머지, 렌즈까지 자기 손으로 직접 만들 정도였다.

어른이 되어서는 갈고닦은 기술을 이용해 런던 킹스 칼리지의 연구팀을 이끌었다. 윌킨스는 직접 고안한 실험 기구를 이용해 눈에 보이지도 않는 DNA 섬유를 분리하기도 하고, 직접 만든 카메라로 DNA 사진을 찍기도 했다. 그리고 마침내 엑스선 결정법을 통해 상당히 높은 수준의 DNA 이미지를 포착하는 데 성공했다.

윌킨스는 DNA 구조가 나선형일 거라고 확신했다. 엑스선만 충분히 사용한다면 자기 생각을 곧 증명할 수 있을 거라고 굳게 믿었다.

1950년, 윌킨스는 자신이 찍은 것 중에서 가장 선명한 DNA 사진을 가지고 학회에 참석했다. 그리고 열의에 넘치는 젊은 과학자 제임스 왓슨을 만나 자신이 찍은 사진을 보여 주었다. 프랭클린에게서 받은 DNA 사진도 함께 전해 주었다. 윌킨스로서는 당대 최고의 DNA 사진들을 제임스 왓슨과 공유한 셈이었다.

생명의 암호를 찾아내다

'회문'이라는 말을 들어 본 적이 있는 사람? 회문이란, 똑바로 읽어도 거꾸로 읽어도 뜻이 같은 말을 가리킨다. 회문은 '토마토', '기러기'와 같이 한 단어일 수도 있고, '다시 합창합시다.', '여보게, 저기 저게 보여?'와 같은 긴 문장일 수도 있다. 회문은 한국어, 일본어, 영어 등 세계 각국의 언어에서 찾아볼 수 있는데, 주로 시와 같은 문학 작품이나 대중가요 등

주인의 허락 없이 사진을 넘긴 윌킨스

사실 윌킨스가 왓슨에게 넘겨준 사진은 프랭클린이 100시간이나 엑스선을 쪼여서 힘들게 얻은 것이었는데, 당사자인 프랭클린에게 아무 말도 없이 무단으로 넘겼다고 한다. (앗, 저작권 침해이다!) 그런데 당사자인 프랭클린은 정작 죽을 때까지도 이 사실을 알지 못했다.

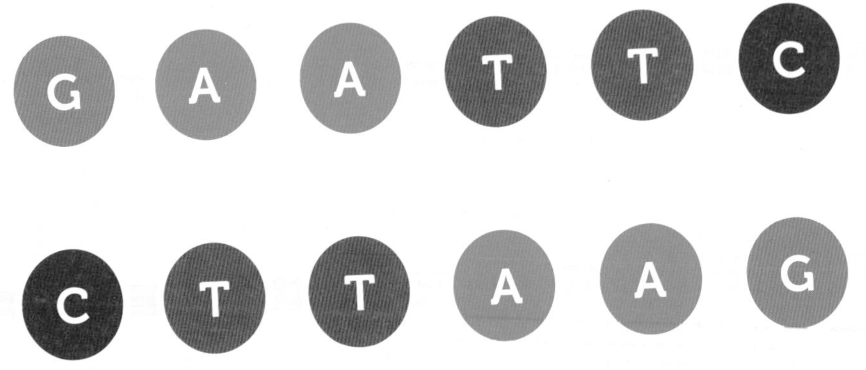

여기에 회문이 있다는데……, 다 같이 찾아보자!

에 녹아들어 있다.

왜 갑자기 회문 타령이냐고? 당대의 과학자들은 오랜 관찰과 연구 끝에 DNA의 기다란 두 가닥에 A(아데닌), G(구아닌), C(시토신), T(티민) 염기가 붙은 DNA 구조를 정확히 파악해 냈다. 그리고 깊이 알아 갈수록, 그 염기들이 일정한 법칙에 따라 배열된다는 사실도 밝혀냈다.

예를 들어, 한쪽 가닥에 염기가 G-A-A-T-T-C 순서로 붙어 있으면, 대칭을 이루는 반대편 가닥에는 염기가 C-T-T-A-A-G 순서로 붙어 있는 것이다.

예술적으로 완벽한 DNA 구조

사람들은 회문과 같은 DNA의 대칭 구조에서 예술적인 아름다움을 발견하기도 한다. 특히 종교 지도자들은 DNA의 완벽한 나선 구조와 시처럼 아름답게 반복되는 염기 서열이야말로, 전지전능한 창조주가 인간을 만든 증거라고 주장하기도 한다.

과학자들은 마침내 인간의 몸속에 숨어 있는 생명의 암호를 발견했다는 사실을 깨달았다. 그리고 그 암호의 대부분이 회문으로 이루어져 있다는 것도 함께 알아냈다.

우리는 환상의 커플, 왓슨과 크릭

미국의 생물학자 제임스 왓슨은 스물세 살 무렵에 이미 생물학 관련 학위를 두 개나 받았다. 그리고 그해에 케임브리지 대학교에 자리를 잡고 연구를 하기 시작했다. 그러던 중 이탈리아에서 열린 학회에 참석했다가 모리스 윌킨스의 DNA 이미지를 처음 보게 되었다. 왓슨은 한눈에 그 이미지에 마음을 빼앗기고 말았다!

왓슨은 서둘러 케임브리지로 돌아간 뒤, 프랜시스 크릭이라는 동료 과학자에게 둘이 힘을 합쳐 완벽한 DNA 모형을 만들어 보자고 제안했다. 크릭은 당시 엑스선 결정학과 혈액 세포 연구에 매진할 계획을 세웠던 까닭에 얼마간 망설이다가 결국 왓슨의 제안을 받아들였다.

곧 두 사람은 당대 최신 DNA 연구 자료를 조사하는 일에 푹 빠져들었다. 왓슨과 크릭은 전 세계 과학자들이 발표한 자료를 일일이 모았다. 수많은 과학자들로부터 한 조각씩을 얻어서 천 조각짜리 퍼즐을 맞추는 셈이었다. 게다가 그중 몇 조각은 어디서 찾아야 할지 감조차 잡지 못하는 상황이었다. 다른 사람들은 말할 것도 없고, 심지어 같은 분야의 연구자인 모리스 윌킨스까지 두 사람을 보고 미쳤다고 할 정도였다.

하지만 왓슨과 크릭은 자신들이 진행하는 일에 확신이 있었다. 그래서 모을 수 있는 조각을 닥치는 대로 긁어모았다.

그나마 다행한 일은, 로절린드 프랭클린과 모리스 윌킨스 덕분에 DNA 결정의 아주 선명한 이미지를 일찌감치 손에 넣었다는 점이었다.

두 사람은 미국의 생화학자인 어윈 샤가프를 통해 '샤가프의 법칙'에 대해서도 배웠다. 샤가프의 법칙이란, DNA 안에 들어 있는 A(아데닌)와 T(티민)의 총량이 서로 같고, G(구아닌)와 C(시토신)의 총량이 서로 같다는 내용이었다.

라이너스 폴링은 노벨 화학상과 노벨 평화상을 수상한 미국의 화학자이자 사회 운동가였다. 폴링은 왓슨과 크릭을 만나 혈액 세포에 들어 있는 특정 단백질 분자가 나선형 구조를 띠고 있다는 사실을 자세하게 알려 주었다.

이 밖에도 DNA에 관련된 중요한 정보들을 충분히 수집했다고 판단한 왓슨과 크릭은 드디어 DNA 모형을 제작하기 시작했다. 그리고 마침내 최초의 모형을 완성한 순간, 기쁜 마음으로 동료 과학자들에게 연구 결과를 공개했다.

하지만 모형을 본 로절린드 프랭클린은 코웃음을 치며 비웃었다. 만일 DNA가 정말로 그렇게 생겼다면 결코 서로 결합하거나 뭉쳐 있지 못할 거라고 신랄하게 비판하면서. 프랭클린뿐만 아니라 다른 과학자들의 반응도 냉랭했다. 대학 측에서는 왓슨과 크릭에게 조금 더 확실한 결과물을 얻기 전까지 모형을 공개하지 말아 달라고 부탁할 정도였다.

그래도 두 사람은 포기하지 않았다. 이게 바로 진짜 DNA의 모습일 거라는 확신이 들 때까지 모형을 부수고, 다시 짓고, 연구하기를 멈추지 않았다. 그리고 마침내 이중 나선 구조를 띤 최종 모형을 만들어 내기에 이르렀다.

왓슨과 크릭은 DNA 모형을 통해 나선 계단의 난간과 같은 DNA 가닥이 가늘고 길게 쭉 늘어나는 방식, 복제 직전에 둘로 나뉘는 모습, 그리고 이중 나선 구조로 다시 결합하는 장면까지 전부 재현해 보였다. 그리고 두 가닥의 난간을 잇는 수많은 계단이, 바로 30억 쌍의 유전 암호라는 것도 정확하게 보여 주었다.

두 사람은 유전학 분야의 위대한 도약을 바로 눈앞에 두고 있다고 확신했다.

양치기 소년이 된 크릭

DNA 모형을 발견하고 집으로 돌아간 프랜시스 크릭이 아내에게 "내가 오늘 세상을 뒤집을 만한 발견을 했어!"라고 큰 소리로 자랑을 했다. 그런데 아내는 그저 빙긋 웃으며 고개만 끄덕였다. 크릭이 아내에게 그런 소리를 한 게 한두 번이 아니었던 것이다.

《타임》지에 실린 우스꽝스런 사진 한 장

만약 카드로 집을 짓고 있다고 상상해 보자. 그것도 세상에 둘도 없을 만큼 복잡하고 정교한 집을! 그런 다음 친구에게 그 집을 똑같이 만들어 보라고 해 보자. 단, 친구에게는 여러분이 만든 집을 보여 주지 않고 그림자를 찍은 사진 몇 장만 보여 주는 조건이다. 뭐라고? 친구가 '죽을래?' 하고 주먹을 치켜들었다고?

왓슨과 크릭이 하려는 일이 바로 그런 것이었다. 결정에 반사되어 흩어진 엑스선 사진만 보고 세상에서 가장 복잡한 모형을 제작하는 일이었으니까.

두 사람은 링스탠드에 놋쇠 막대와 작은 구슬을 연결하는 방식으로 모형을 만들었다. 링스탠드는 주로 화학 실험실에서 쓰는 도구인데, 기다란 대를 세우고 죔쇠를 달아 비커 따위를 끼워 넣기 좋게 만든 것이었다. 왓슨과 크릭이 모형을 완성하고 나자, 마치 막대와 블록을 잔뜩 조립한 장난감처럼 보였다.

미국의 유명 잡지인《타임》은 새내기 사진 기사인 안토니 배링턴 브라운을 보내 왓슨과 크릭이 만든 모형을 찍어 오게 한 적이 있었다. 사실 그 당시에는 잡지사도 이것이 얼마나 큰 발견인지 몰랐고, 사진을 찍는 브라운 역시 그 모형이 무엇인지 눈곱만큼도 이해하지 못한 상태였다.

그래서 브라운은 왓슨과 크릭에게 무언가 중요한 걸 설명하는 듯한 표정을 지어 달라고 부탁하고는 사진을 찍었다.

게다가《타임》은 그렇게 찍은 사진을 오랫동안 묵혀 두기만 했다. 그

제임스 왓슨(왼쪽)과 프랜시스 크릭(오른쪽)이 직접 만든 DNA 모형을 보여주며 설명하는 척(?)하고 있다.

러다 어느 날 갑자기 왓슨과 크릭의 업적이 온 세상에 드러나게 되었다! 생명의 기본 단위이자 유전의 비밀 암호인 DNA의 구조가 밝혀졌다는 사실이 얼마나 중요한 일인지 드디어 사람들이 알아채기 시작한 것이다.

왓슨과 크릭은 엄청나게 유명해졌다. 브라운이 영문도 모른 채 찍은 사진도 마찬가지였다.

내가 먼저야! 세 명의 노벨상 수상자

왓슨과 크릭이 모형을 만드느라 바쁘게 움직이던 사이, 로절린드 프랭클린은 DNA의 형태를 완벽하게 알아냈다. 프랭클린은 두 편의 논문을 통해 DNA의 이중 나선 구조에 대해 자세히 설명했다. 적어도 그중의 한 편은 왓슨과 크릭이 만든 모형을 보기 전에 쓴 것이 확실했다. 어쨌든 세 사람의 논문이 동시에 한 과학 잡지에 실리게 되었다.

자, 그럼 과연 누가 DNA 구조를 밝혀냈다고 봐야 옳을까? 우선 프랭클린과 윌킨스가 찍은 DNA 사진이 없었다면 왓슨과 크릭은 결코 모형을 제작하지 못했을 것이다. 반면, 왓슨과 크릭이 모형을 만들지 않았다면 일반 사람들은 DNA 모형에 대해 전혀 이해할 수 없었을 것이다.

1962년, 왓슨과 크릭, 그리고 윌킨스 세 사람은 DNA 구조를 밝혀낸 업적을 인정받아 노벨상을 함께 수상했다. 그렇지만 이미 사 년 전에 세상을 떠난 프랭클린은 그 영광을 누리지 못했다. 노벨상은 살아 있는 사람에게만 수여한다는 규칙 때문이었다.

사실 당시 프랭클린의 업적은 철저히 무시되었다. 같이 일했던 윌킨스는 물론, DNA 사진으로 결정적인 도움을 받은 왓슨마저도 프랭클린을 깎아내리는 발언을 했던 데에서 잘 드러난다. DNA의 구조를 밝히는 데 가장 크게 공헌한 인물인데도 과학계에서 억울한 대접을 받은 셈이다.

용의자들 모두 순순히 DNA 표본을 제공해 주었어요.
더 꾸물거리다가는 경찰이 결백한 사람들까지
의심하는 꼴이 되겠어요.

아직 실험실에서는
아무 소식이 없나요?

네, 그런데 용의자 중 한 사람의 DNA는 이미
우리 쪽 자료에 있습니다. 범인의 것과 비교해
보았더니 일치하지 않았어요.
이 사람은 혐의를 벗겨 주어도 될 것 같습니다.

쇠고기
육포

I ♥ D
MOM

어떤 용의자를 수사 대상에서 제외시켜야 할까?

디 재스터(계산원)

러스티 해머(계산원)

테리 빌(절도 전과범)

캐미 솔(지배인)

엘라 베이더(보안 요원)

스탠 스틸(판매원)

데이지 피커
(바로 옆 가게 주인)

드웨인 파이프(관리인)

피아 너트
(슈퍼모델, 단골손님)

헤이즐 너트
(슈퍼모델, 단골손님)

아이다 가터웨이
(회계 담당자)

힌트 : 거의 모든 국가에서 경찰은 중범죄에 연루된 사람에게 DNA
증거를 요구할 권한이 있으며, 이미 확보한 자료는 보관할 수 있다.

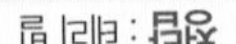

인간 게놈 프로젝트 추격전

"어이, 거기! 나랑 같이 보물 지도 한번 만들어 볼 텐가? 우리는 인류의 온갖 질병을 치료해 줄 유전자를 찾아 항해하는 중이라네!"

물론 유전학자들이 해적처럼 이렇게 건들건들한 말투를 쓰지는 않을 것이다. 하지만 보물 지도를 만들기 시작한 건 사실이다. 1980년대, 여러 과학자들이 한데 모여 인간의 DNA 지도를 만들기로 결정한 것이다!

사람의 몸속에 들어 있는 유전자를 모두 합쳐 '게놈'이라고 부른다. 때문에 과학자들의 거대한 새 프로젝트에는 '인간 게놈 프로젝트'라는 이름이 붙게 되었다.

사실 DNA에 새겨져 있는 모든 암호가 유전자를 만드는 건 아니다. DNA를 관찰하다 보면 가느다란 두 가닥이 여러 개의 막대기로 연결되어 있는 걸 발견할 수 있는데, 그 모양이 사다리를 떠올리게 한다. 그중에서 유독 특정 형질과 밀접한 연관을 갖고 있는 칸이 있는데, 바로 그 칸이 유전자이다.

사다리의 나머지 칸은 유전자를 켜거나 끄는 일을 하기도 하고, 아예 쓰이지 않기도 한다. 그러니까 DNA 사다리 전체를 유전자라고 부르는 게 아니라 그중에서 몇몇 의미 있는 칸만을 유전자라고 부르는 것이다.

게놈 프로젝트를 시작한 과학자들은 모든 유전자를 훤히 들여다볼 수 있는 목록을 만들고 싶어 했다. 그러면 전 세계 의사와 연구자들이 그 목록을 마치 보물 지도처럼 사용할 수 있을 테니까 말이다.

"시력에 관여하는 유전자를 찾고 싶은가요? 자, 여기 있습니다."

"당뇨를 치료하고 싶다고요? 바로 이 유전자가 당뇨를 유발하는 유전자예요."

이처럼 과학자들은 게놈 프로젝트만 성공적으로 마치면 대부분의 유전 정보가 밝혀질 거라고 믿었다. 그렇게 되면 인류는 모든 질병과 굶주림과 고통으로부터 자유로워질 거라는 희망도 품게 되었다. 적어도 게놈 프로젝트를 시작하는 과학자들의 바람은 그랬다.

하지만 결정하기 어려운 문제들이 잇따라 발생했다. 누가 연구를 주도할 것인지, 연구의 공로는 누구에게 돌아갈 것인지, 그리고 게놈 프로젝트의 성공으로 발생하는 경제적 이득은 누가 차지할 것인지 등등 복잡한 문제들이 불거졌다. 게다가 그보다 훨씬 더 큰 문제가 기다리고 있었다!

막상 연구를 시작하고 보니, 인간의 유전자가 생각보다 훨씬 더 복잡해서 낱낱이 이해하기가 너무나 어려웠던 것이다.

세계 최초의 유전자 지도

다시 1911년의 컬럼비아 대학교 초파리 방으로 돌아가 보자. 토머스 모건의 제자 중 한 명이었던 알프레드 스터트반트는 세대를 거쳐 전해지는 초파리의 돌연변이를 추적하고 있었다. 그리고 돌연변이를 좀 더 쉽게 찾아내기 위해 도표를 만들었다. 그 도표를 보면 네 개의 염기 중 어떤 염기끼리 짝을 이루는지, 어떤 순서로 배열되어 있는지, 유전자가 DNA 가닥의 어느 위치에 나타나는지를 한눈에 알 수 있었다. 말하자면 세계 최초의 유전자 지도라고나 할까?

하지만 스터트반트는 수많은 유전자 중에서 단 하나만을 골라 연구를 했다. 더 많은 유전자를 추적해서 유전 정보가 나타나는 순서를 밝혀내려

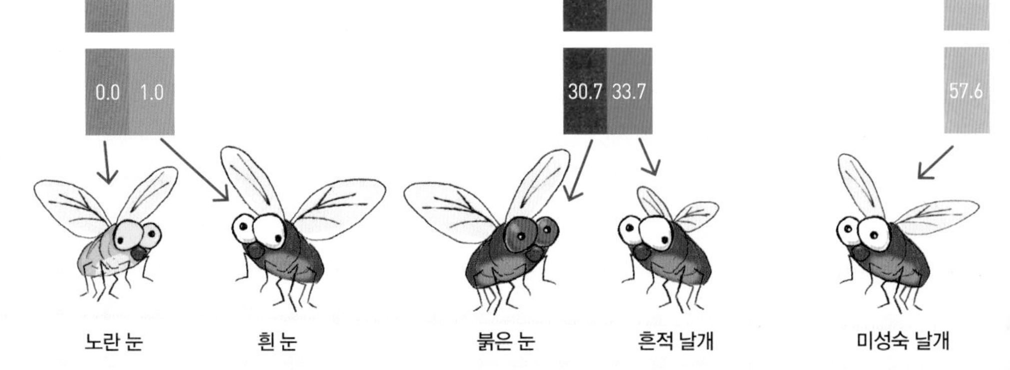

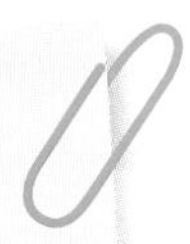

알프레드 스터트반트가 만든 유전자 지도를 단순하게 요약한 도표이다. 흰 가로줄은 염색체를 나타내며 알록달록한 세로 막대는 돌연변이를 일으킨 유전자의 위치를 보여 준다.

면, 그야말로 패턴의 달인이 필요했다.

노벨상? 우리 집에 두 개나 있는데!

프레더릭 생어라는 영국의 과학자는 노벨상 하나로 성에 차지 않았던 모양이다. 이 대단한 생화학자는 결국 두 번이나 노벨상을 수상하는 영광을 누렸다.

생어는 1958년에 우리 몸의 혈당과 지방을 조절하는 호르몬인 인슐린에 관한 연구로 노벨 화학상을 받았다. 인슐린 안에는 단백질 분자가 들어 있는데, 생어의 연구가 있기 전까지만 해도 과학자들은 그 단백질이 일정한 순서 없이 그저 둥둥 떠다니는 줄로만 알았다. 생어는 그 생각이 틀렸다는 것을 증명해 보였다. 단백질 분자의 배열에도 마치 지문처럼 일정한 법칙과 패턴이 있다는 사실을 밝혀낸 것이다.

어쩌면 사소해 보일지 모르지만 대단히 중요한 발견이었다. 이 연구는 왓슨과 크릭의 DNA 모형 제작에도 큰 도움을 주었다.

생어의 연구에서 아이디어를 얻은 크릭은 DNA의 사다리 구조에도 중요한 패턴이 숨겨져 있을 거라고 추측했다. 그 패턴이 바로 우리 몸에 일정한 모양의 단백질을 만들도록 명령하는 유전 암호였다! 생어의 연구가 아니었다면, 제임스 왓슨과 프랜시스 크릭이 DNA 모형을 만들지 못했을지도 모른다.

생어는 첫 노벨상 수상에 멈추지 않고, 1970년대에 접어들면서 앨런 콜슨이라는 과학자와 함께 새로운 연구를 시작한다. 두 사람은 엑스선으로 DNA 사진을 찍어서 한 가닥씩 패턴을 기록하는 방법을 고안해 냈다. 그 기술을 이용하여 박테리아의 DNA 구조를 분석한 결과, 총 5,386개의 염기 서열을 밝혀냈다.

심지어 1977년에는 더 빠르고 효율적으로 DNA의 패턴을 분석하는 방법까지 발견했다. 바로 이 발견이 1980년에 생어에게 두 번째 노벨 화학상을 안겨 주었다.

게놈 프로젝트가 뭐길래

알프레드 스터트반트는 초파리의 유전자 지도를 그렸고, 프레더릭 생어는 DNA의 패턴을 분석하는 데 성공했다. 이쯤 되면 세계 최고의 과학자들이 모여 인간의 유전자 지도를 만드는 일쯤은 시간문제일 뿐, 그다지 어려워 보이지는 않는다. 게놈 프로젝트를 막 시작할 당시, 대부분의 과학자들도 같은 생각을 하고 있었다.

미국 정부의 재정적 지원을 받아 '미국 국립 인간 게놈 연구 센터'가 설립되면서 곧 연구에 착수했다. 각국의 내로라하는 뛰어난 유전학자들이 프로젝트에 참여하기 위해 미국으로 모여들기 시작했다. 인간의 유전자 지도를 만든다는 건 혼자서 하기엔 너무나 벅차고 어려운 일이었기에 영국과 일본, 프랑스, 독일, 중국 등의 연구 기관들도 협력을 약속했다.

그렇게 모인 연구자들 중 몇몇은 유전자 지도를 조금 더 빨리 만들 수 있는 방법을 고민했다. 그러는 사이에 다른 과학자들은 유전자 하나하나를 세밀하게 조사하고 분석하기 시작했다.

그런데 1998년, 셀레라 제노믹스라는 회사가 엉뚱한 생각을 품었다. '우리 회사가 혁신적인 염기 서열 분석 방식을 먼저 개발해 낸다면, 인간 게놈 프로젝트를 앞지를 수 있지 않을까? 그렇게만 된다면 엄청난 이득을 보게 될 텐데.'

셀레라 제노믹스와 같은 사기업은 특정한 정보를 얼마나 많이 모았건 간에 그것을 공개하지 않을 권리가 있다. 그리고 정보를 보유하고 있는 동안, 기업은 어떻게 하면 이 정보를 통해 경제적 이득을 얻을지 고민하게 된다.

반면에 정부 기금으로 운용되는 연구 기관은 연구 결과를 매일매일 투명하게 공개해야 한다. 게놈 프로젝트 역시 처음부터 모든 연구자와 의사들에게 정보를 제공하도록 계획되었고, 실제로 프로젝트에 참여한 과학자들은 그날그날의 연구 성과를 전 세계에 무료로 공개했다. 따라서 다른 과학자들도 자유롭게 중요한 정보에 접근할 수 있었다.

그런데 인간의 모든 유전자 정보를 사기업이 먼저 독점하면 어떻게 될까? 기업이 과학자들에게 유전자에 관한 정보를 얻고 싶으면 대가를 지불하라고 요구할 수 있을 것이다. 혹은 특정 질병을 유발하는 유전자를 가장 먼저 발견한 사기업이 신약을 개발하여 독점하고 환자들에게 비싼 값에 팔 수도 있다.

그 당시에는 이런 생각에 솔깃해하는 사람들도 있었다. 사실 돈이 될 것

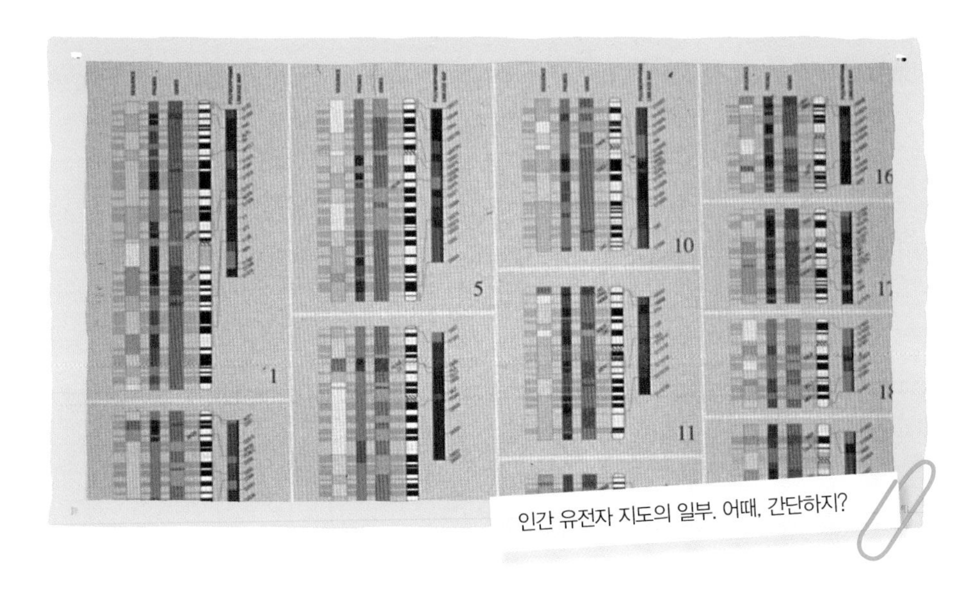

인간 유전자 지도의 일부. 어때, 간단하지?

같은 연구에 관해서라면 언제나 정부보다 기업이 한발 앞서기 마련이니까. 거기에 약품을 개발하는 제약 회사까지 끌어들인다면 유전적인 질병을 더 빨리, 더 효율적으로 치료하는 약을 개발할 수 있을지도 모르는 일이었다.

하지만 셀레라 제노믹스가 유전자 지도에 대한 계획을 세우고 있다는 소문이 돌자 걱정하는 사람들도 생겨났다. 특정 연구에 대한 권리가 사기업에 넘어가거나 유전자에 관한 정보가 대중들에게서 완전히 차단된다면, 그 기업이 인간의 유전자를 소유하게 되는 건 아닐까?

인간 유전자 지도 만들기 경주

기업이 시간과 돈을 들여 기계를 개발하고 신약을 만들어 내면, 그 결과물은 전적으로 기업의 소유가 된다. 즉, 기업이 특허를 획득한다는 건 어느 나라의 누구라도 그 결과를 훔쳐 갈 수 없다는 뜻이나 마찬가지이다. 결국 해당 기업만이 기계나 신약을 팔아 이윤을 남길 수 있는 독점권을 갖게 되는 것이다.

그렇다면 기계나 신약이 아닌 유전자는 어떨까? 기업이 상당한 시간과 자본을 투자하여 유전자를 연구했다면, 그래서 놀라운 과학적 사실을 발견했다면, 그에 대한 권리도 인정해 줘야 하는 게 아닐까? 그럼 해당 유전자에 대해서는 그 기업 외에 어느 누구도 새로운 약품이나 치료법을 개발할 수 없도록 보호해 줘야 한다. 그동안 들인 노력에 대해 보상받을 수 있도록 말이다.

수많은 기업이 달라붙어 유전자의 비밀을 밝혀낸다면, 그로 인해 이윤을 얻는 사람도 아주 많아질 것이다. 하지만 특허를 인정해 주지 않아 돈을 벌 기회가 없다면 유전자 암호 해독에 노력을 기울일 이유는 자연히 사라진다. 기업이 이윤을 낼 수 없다는 뜻이니까. 그러니 발견은 곧 소유를 의미해야 마땅하다.

이것이 바로 유전자 연구는 기업이 맡아야 한다고 주장하는 사람들의 논리였다. 하지만 게놈 프로젝트에 참여한 과학자들의 생각은 달랐다. 과학자들은 유전자 연구 결과가 누구에게나 무료로 공개되어야 한다고 믿었다. 자금난에 시달리는 작은 연구소에서 일하는 연구자든, 큰 기업에서 풍족한 지원을 받으며 약품을 개발하는 사람이든 상관없이 말이다.

과학자들은 사기업이 유전자에 대한 특허권을 요구할까 봐 염려되어서 게놈 프로젝트 진행에 더욱 박차를 가했다. 유전자 지도를 신속하게 제작하기 위해 컴퓨터 기술 개발에도 특별한 노력을 기울였다. 또한 새로운 사실을 발견할 때마다 모든 정보를 온라인으로 공개하는 것도 소홀히 하지 않았다. 그것도 모두 무료로!

2000년에 들어서면서 게놈 프로젝트에 참여한 과학자들은 인간 유전자 지도의 초안을 세상에 선보였다. 2001년에는 게놈 프로젝트와 셀레라 제노믹스의 연구 성과가 거의 동점을 이루었다. '인간 유전자 지도 만들기 경주 대회'에서 명백한 승자는 없었던 셈이다. 결국 양쪽은 휴전을 선언하고, 그동안의 연구 성과를 공동으로 공개했다. 그리고 마침내 2003년, 게놈 프로젝트를 이끈 과학자들은 유전자 지도가 완성되었다고 공식적으로 선언하기에 이르렀다.

과학자들이 아주 빠르게 지도를 완성한 덕분에 지금은 전 세계 사람들이 어디서든 마음껏 인간의 유전자 지도를 활용할 수 있게 되었다. 한편 셀레라 제노믹스는 '개인 맞춤형 의학'으로 연구 방향을 전환했다. 환자 개개인의 독특한 유전 정보에 딱 알맞은 검사와 치료법 개발에 초점을 맞추기로 한 것이다.

그 뒤에도 많은 기업이 유전자 연구에 대한 특허권을 끈질기게 요구했다. 그러나 2013년 6월, 미국 대법원이 자연 상태 그대로의 DNA에 대해서는 특허를 인정할 수 없다는 결론을 내렸다. 지금도 여러 나라의 법정

에서 유전자 특허권을 놓고 논쟁이 계속되고 있지만, 대부분은 미국 대법원의 결정을 따르는 분위기라고 한다.

무엇보다도 우리 모두가 환영할 만한 일이다. 사기업도 인간의 유전자를 연구하고 유전자에 영향을 미치는 신약을 개발할 권리를 갖고 있긴 하지만, 태어날 때부터 갖고 있는 개개인의 DNA를 마음대로 소유할 수는 없으니까!

유전자 특허에 반대하는 사람들은 '생명은 사고파는 물건이 아니다!'라고 주장한다. DNA는 생명의 근본이며 기초이기 때문에 돈으로 값을 매기거나 누군가 독차지하면 안 된다는 것이다. 우리 몸 안에 들어 있는 유전자는 온전히 우리 것이라는 사실을 다시 한번 명심하도록 하자.

생명의 비밀을 담은 교과서, 게놈

게놈 프로젝트가 거의 완성될 무렵, 과학자들이 발견해 낸 유전자의 개수는 약 24,000개 정도였다. 처음 예상했던 수치에 훨씬 못 미치는 숫자였다. 대신에 쥐나 초파리의 유전자 개수가 사람의 유전자 수와 얼추 비슷하다는 사실이 밝혀졌다. 과학자들은 침팬지의 DNA와 사람의 DNA가 사실상 거의 일치한다는 사실도 알아냈다.

인간의 DNA와 다른 생명체의 DNA 사이에 유사점이 많다는 사실은 게놈 프로젝트에 의해 드러난 수많은 비밀 중 그저 일부에 불과했다. 프로젝트를 이끌었던 미국의 '인간 게놈 연구 센터'는 이후 '국립 인간 유전체 연구소'로 이름을 바꾸었는데, 연구소 소장인 프랜시스 콜린스는 게놈을 책에 빗대어 설명했다.

- 게놈은 인간이라는 종의 발전 과정을 기록한 역사책입니다.
- 게놈은 인간을 창조하는 방법을 적은 설명서입니다.
- 게놈은 질병의 예방과 치료에 관해 새로운 방법을 제시하는 의학 교과서입니다.

완벽한 인간의 유전자 지도가 세상에 공개되기 전부터 이미 연구자들은 개별 유전자 하나하나를 깊이 연구하고 있었다. 인류의 발전에 공헌할 수 있는 비밀을 찾고 싶은 마음이 그만큼 간절했기 때문이다.

꿈의 유전자를 찾아라

과연 어떤 유전자가 사람의 운동 신경에 관여하는 걸까? 과학자들이 그 유전자를 정확히 짚어 낼 수만 있다면, 누가 이다음에 커서 올림픽 금메달리스트가 될지 미리 알 수 있지 않을까? 나아가 운동 신경이 덜 발달한 사람의 유전자를 살짝 개조해서 온 인류를 더 건강하게 만들 수도 있을 것이다.

아니, 어쩌면 불가능한 이야기일지도 모르겠다. 그렇게나 많은 연구에도 불구하고 운동 신경을 도맡아 주관하는 유일한 유전자 따위는 발견하지 못했기 때문이다. 과학자들은 사람이 공을 던지거나 받을 때 손과 눈의 동작을 일치시키는 능력이 정확히 어떤 유전자에 의해 결정되는지 찾고 싶어 했다. 또 체력과 근력에 영향을 미치는 유전자가 각각 하나씩 존재할 거라 믿고 계속해서 연구했다. 하지만 모두 실패하고 말았다.

2011년에는 거의 백 단위에 이르는 가족들이 유전 연구 프로젝트에 참여해서 다음과 같은 실험을 했다.

1. 실험에 앞서 참가자들은 모두 유전자 검사를 받았다.
2. 그리고 5개월에 걸쳐 다양한 운동을 했다.
3. 5개월이 흐른 뒤, 다시 유전자 검사를 실시했다.

검사 결과, 운동을 하기 전이나 후나 별 차이가 없는 가족도 있고, 체력과 운동 능력이 월등히 높아진 가족도 있었다. 이 프로젝트의 결과에 따르면 결국 각자의 운동 능력도 타고난 유전자에 달려 있는 것으로 보인다. 그렇지만 단 하나의 유전자가 그 모든 것을 결정하는 건 아니었다. 연구자들이 밝혀낸 바에 의하면, 체력과 운동 능력 향상에 관여하는 유전자는 최소한 스물한 개나 된다고 한다.

다양한 분야의 과학자들이 프로젝트의 결과에서 의미를 찾았다. 그러니까 키나 머리숱 같은 신체적 특성을 단 하나의 유전자가 결정하는 게 아니었던 것이다. 마찬가지로 창의성이나 수리적 능력과 같은 사람의 소질을 결정하는 유전자를 딱 하나만 짚어 내는 것도 역시 불가능해 보였다. 유전자와 형질은 단순히 일대일 대응 관계를 이루는 것이 아니니까.

이처럼 유전자는 서로 상호 작용하기도 하고 비슷한 역할을 함께 수행하기도 한다. 심지어 혼자서 아주 다양한 기능에 관여하는 특이한 유전자도 있다.

게놈 프로젝트를 통해 인간의 유전자 지도를 완성하고 보니, 지도가 반드시 한 방향만 가리키는 건 아니었던 셈이다.

우리 할아버지가 칭기즈 칸이라고?

인간의 DNA는 99퍼센트 이상 서로 일치한다고 한다. 유명한 연예인이나 생전 처음 보는 사람이나, DNA 표본을 채취해서 비교해 보면 거의 비슷하다. 물론 완전히 똑같을 수는 없다. DNA에는 30억 쌍의 염기, 즉 유전 암호가 새겨져 있기 때문에 그중에서 1퍼센트만 달라도 상당히 큰

칭기즈 칸을 그린 기록화

차이가 생기게 되니까.

유전자 지도가 완성되자 과학자들은 사람들의 유전자 비교 작업을 시작했다. 시간을 거슬러 올라가며 혈통을 조사하기도 하고, 인구 이동에 따른 돌연변이를 추적하기도 했다. 그 결과 몇 가지 흥미로운 사실을 알게 되었다.

중앙아프리카와 남아프리카에 뿌리를 둔 사람들은 다른 지역 출신보다 DNA의 다양성이 더 뚜렷한 것으로 나타났다. 유전학자들은 인류가 다른 지역에 비해 아프리카 대륙에서 살아온 시간이 훨씬 길기 때문일 것으로 추측한다. 시간이 길다는 건 그만큼 다양한 인종 간의 교류가 이루어졌다는 것을 의미하고, 이는 결국 종의 다양성을 확보할 기회가 많았다는 뜻이기도 하다.

아프리카를 제외한 지역에 살고 있는 인류는 거의 비슷한 조상으로부터 갈라져 나온 것으로 보인다. 아마도 약 100만 년 전에 용감하게 아프리카 대륙을 벗어나 새로운 지역으로 모험을 떠난 몇백 명의 탐험가들일 것이다.

일단 그 탐험가들이 지구 곳곳에 정착한 다음부터는 높은 산이나 깊은 강으로 가로막혀 각 지역에서 독립적으로 진화하게 된다. 그 결과 저 멀리 북유럽에 정착한 사람들의 DNA는 남아프리카 사람들의 DNA와

칭기즈 칸은 수백 명이나 되는 아내와 셀 수도 없이 많은 자식을 거느렸다. 자신의 유전자를 온 세상에 널리 퍼뜨린 셈이다.

전혀 다른 돌연변이를 일으키게 되었다.

심지어 사람들의 혈통을 거슬러 올라가다 보니 조상이 단 한 사람으로 좁혀진 경우도 있다. 아시아 남성 1,600만 명의 유전자를 거꾸로 추적한 결과 단 한 명의 남자를 찾게 된 것이다. 역사학자들은 이 할아버지의 할아버지의 할아버지뻘인 사람이 바로 인류 역사상 가장 넓은 영토를 차지하고 온 아시아를 통치했던 몽골 제국의 제1대 왕, 칭기즈 칸일 것이라고 추측하고 있다.

뉴펀들랜드섬의 심장병

서로 다른 돌연변이를 가진 두 사람이 아이를 낳으면, 그 아이는 엄마와 아빠의 돌연변이 둘 다 물려받지 않을 확률이 높다. 아빠의 돌연변이를 대신하기 위해 엄마의 건강한 유전자를 물려받고, 반대로 엄마의 돌연변이는 아빠의 건강한 유전자로 대신하기 때문이다.

이것 역시 앞서 배운(2장에 나왔다는 사실을 기억하는 사람?) 일종의 유전자 보험 덕분이다. DNA에 여분의 유전 암호를 많이 새겨 놓았기 때문에 아기가 돌연변이 없이 건강하게 태어날 수 있는 것이다. 단, 엄마와 아빠의 돌연변이가 똑같지 않아야 한다!

서로 혈통이 가까운 부모는 특정 질병이나 기형을 유발하는 유전자를 동시에 갖고 있을 확률이 높다. 그렇게 되면 자식에게 그 유전자를 물려줄 가능성 또한 함께 높아지게 된다. 이런 현상은 특히 지형적으로 고립되고, 인구가 적어서 근친결혼이 흔한 지역에서 자주 발생한다. 캐나다 동남부에 있는 뉴펀들랜드섬이 대표적이다.

뉴펀들랜드섬에는 희귀한 심장 질환을 앓는 인구 비율이 상당히 높다. 의사들은 그 희귀 심장병이 우심실에서 혈액을 잘 내보내지 못하기 때문에 일어난다는 사실은 밝혀냈지만, 어떻게 치료하고 예방해야 할지는 갈피를 잡지 못했다. 심지어 환자가 갑자기 사망하기 전까지 아무런 증상이 없는 경우도 있었다.

문제는 그런 비극적인 사건이 생각보다 자주 일어난다는 사실이었다. 그 병을 앓는 사람 중 남자는 절반, 여자는 5퍼센트에 가까운 수가 마흔 살이 채 되기도 전에 죽음을 맞았다.

다행히 의사들은 심장 옆에 조그마한 기계를 이식하는 치료법을 찾아냈다. 환자의 심장 박동이 너무 불규칙하다거나 갑자기 정지하면 이식한 기계가 전기 충격을 일으켜 심장을 다시 뛰게 만드는 원리였다. 하지만 기계가 제 몫을 하려면 뉴펀들랜드섬의 주민 중 누가 그 병을 앓고 있는지 미리 알아야 했다.

유전학자가 활약하는 순간이 바로 이 지점이다! 2007년, 게놈 프로젝트 덕분에 학자들은 특정 심장 질환을 유발하는 돌연변이가 어떤 유전자에서 발생하는지 밝혀냈다. 곧이어 대대로 그 유전자를 갖고 있는 가족들도 찾아냈다. 가족 중에서 돌연변이가 발견될 경우, 작은 심폐 소생기를 심장 근처에 이식해서 돌발 상황에 대비할 수 있도록 조치를 취했다. 덕분에 많은 사람들이 심장 질환 증상이 나타나기 훨씬 이전에, 미리 유전자 검사를 받고 갑작스러운 죽음의 공포에서 벗어났다.

뉴펀들랜드섬의 주민들에게는 게놈 프로젝트와 그 이후에 이루어진 의학적 연구들이 단순한 과학 그 이상의 의미를 갖게 되었다. 단지 질병을 치료하는 데 그치는 게 아니라, 사랑하는 사람을 일찍 잃어버리지 않고 오래오래 함께 살 수 있게 되었기 때문이다.

데이트를 하기 전에, 아이슬란드 애플리케이션을!

선선한 밤공기와 아름다운 달빛이 어우러져 기분 좋은 아이슬란드의 밤. 클럽의 파티에서 만난 해리와 안나는 서로 첫눈에 반해 수도인 레이캬비크 거리 한복판에서 입을 맞추었다.

다음 날 해리는 친지 모임에 가기로 되어 있었다. 친구들을 만나 한시라도 빨리 사랑스러운 안나에 대해 자랑하고 싶은 마음을 겨우 억누르고 친척 집에 도착한 해리. 그런데 잠깐……, 안나가 왜 여기 있는 거지?

"뭐라고? 안나가 해리의 육촌이라고?"

"맙소사!"

말도 안 되는 이야기라고? 아이슬란드에서는 생각보다 제법 빈번하게 일어나는 일이다. 아이슬란드의 인구는 33만 명이 채 되지 않는 데다, 대부분 자신이 선조의 몇 대손인지 헷갈릴 만큼 한곳에 오래 정착해 살아왔다. 이게 무슨 뜻이냐고? 아이슬란드 사람들은 한 다리만 건너면 서로 친척일 가능성이 아주 높다는 의미이다. 그러다 보니 친척이 너무 많아서 일일이 헤아리기도 힘든 지경이란다.

실수로라도 친척과 데이트하고 싶은 사람은 아무도 없을 것이다. 게다가 유전학적으로도 굉장히 위험한 일이다. 친척 간에는 같은 돌연변이 유전자를 공유할 가능성이 높기 때문에, 두 사람이 자식을 낳으면 그 아이까지 유전적 결함을 갖고 태어나기 쉬우니까.

아, 다행스럽게도 우리에겐 스마트폰이 있다! 아이슬란드의 세 개 대학교에서 공대생들이 모여 애플리케이션을 하나 만들었다. 두 사람이 각자의 스마트폰에 해당 애플리케이션을 설치한 다음, 두 스마트폰을 가볍게 부딪치면 자동으로 가계도를 분석해 서로의 혈연 관계를 알려 준다. 선불리 데이트를 시작하기 전에 미리미리 확인할 수 있게 된 것이다!

이제 아이슬란드 사람들도 데이트하기 전에 두꺼운 족보책을 펼쳐 서로의 혈연 관계를 확인할 필요가 없어진 셈이다.

다음 중 혐의에서 벗어나게 된 사람은 누구일까?

디 재스터(계산원)

러스티 해머(계산원)

아이다 가터웨이
(회계 담당자)

캐미 솔(지배인)

엘라 베이더(보안 요원)

스탠 스틸(판매원)

데이지 피커
(바로 옆 가게 주

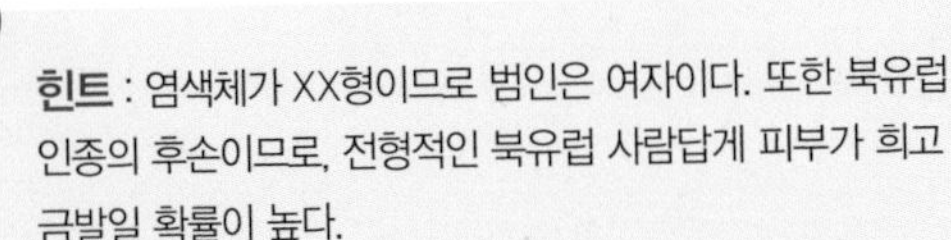
힌트 : 염색체가 XX형이므로 범인은 여자이다. 또한 북유럽 인종의 후손이므로, 전형적인 북유럽 사람답게 피부가 희고 금발일 확률이 높다.

드웨인 파이프(관리인)

피아 너트
(슈퍼모델, 단골 손님)

헤이즐 너트
(슈퍼모델, 단골

정답 : 디 재스터, 러스티 해머, 아이다 가터웨이, 스탠 스틸, 데이지 피커, 드웨인 파이프

5 유전자 조작의 빛과 그림자

수도원 정원에서 완두콩 교배 실험을 하던 그레고르 멘델은 사실 DNA 실험을 한 것이나 다름없었다. 본인이 한 품종에서 유전자를 얻어 다른 품종으로 옮겼다는 사실은 까맣게 몰랐겠지만 말이다. 결과적으로 멘델이 여러 가지 형질의 완두콩을 관찰하기는 했지만, 정작 그 원인이 되는 유전자를 두 눈으로 보지는 못했다.

그렇지만 현대 유전학 분야에서는 매우 놀라운 일들이 일어나고 있다. 과학자들은 식물의 개별 유전자를 하나하나 식별하고 서로 교배시켜 더욱 우수하고 새로운 품종을 만들어 낸다. 이것을 '유전자 재조합 기술'이라고 부른다. 이렇게 만든 유전자 재조합 식물은 옥수수에서 콩까지, 종류도 무척이나 다양하다. 심지어 이제는 유전자를 재조합한 반려동물까지 생겨났다고 한다!

뿐만 아니라 DNA 복제와 클론에 관한 연구도 활발히 진행되고 있다. 쌍둥이의 유전적 유사성과 차이점을 연구해서, 어떤 형질이 유전자에 의해 발현되고 어떤 형질이 환경에 의해 영향을 받는지도 상세히 알아보고 있다. 실험실에서 직접 쥐나 돼지, 혹은 양을 복제해서 DNA가 완전히 동일한 클론을 만들어 내기도 한다.

얼마 전까지 불가능하다고 여겼던 많은 일들이 실제로 이루어질 날도 머지않았다. 척수 부상을 입은 환자를 치료한다든가, 이미 멸종된 생물을 부활시키는 것같이 거짓말처럼 느껴지는 일들 말이다.

한 가지 확실한 건, 1865년에 수도원 정원에서 완두콩 교배 실험을 하던 멘델은 오늘날 인류의 눈앞에 다가온 눈부신 과학적 가능성에 대해 상상조차 하지 못했을 거라는 사실이다.

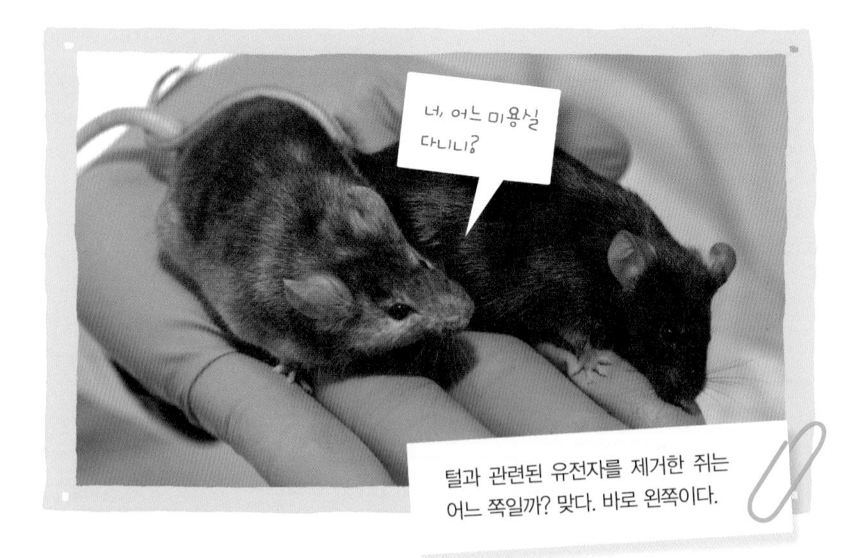

털과 관련된 유전자를 제거한 쥐는 어느 쪽일까? 맞다. 바로 왼쪽이다.

유전자 변형 식물

미국의 다국적 화학 기업인 몬산토는 1982년, 세계 최초로 식물 세포의 유전자 변형에 성공했다. 당시 몬산토는 농업의 발전을 꾀하고자 생물학과 공학을 접목시킨 '생명 공학'이라는 영역을 개척하고 있었다. 그리고 1996년에는 세 종류의 새로운 상품을 발표했다.

1. 해충에 강한 목화씨
2. 주변의 잡초를 말려 죽이는 제초제에도 끄떡없는 콩
3. 젖소의 우유량을 늘리는 호르몬

이에 질세라 다른 회사들도 몬산토의 뒤를 바짝 쫓으며 여러 가지 생산품을 선보였다. 심지어 사람들은 다음과 같은 이유로 '유전자 재조합

이게 완벽한 우유 생산 기계라고?

농산물(GMO, Genetically Modified Organism)'을 환영했다!

- 유전자 재조합 기술은 농산품을 더 빨리, 더 많이 생산하므로 세계 식량 문제를 해결하는 열쇠가 될 것이다.
- 유전자 재조합 농작물은 해충에 강해서 농약을 적게 써도 된다.
- 유전자 재조합 농작물은 물을 적게 주어도 잘 자라기 때문에 가뭄에도 아무런 걱정이 없다.

특히 누군가에게는 유전자 재조합 농산물이 삶의 질을 바꾸는 고마운 존재가 될 수도 있다. 만일 누군가 아주 오랫동안 당뇨를 앓고 있다고 가정해 보자. 그런데 어느 날 병원에서 이런 처방을 내려 주었다.

"인슐린 주사 대신 양상추를 드세요."

이런 일이 실제로 일어날 수도 있다. 미국의 플로리다에 살고 있는 헨리 다니엘 교수는 우리 몸에 인슐린을 공급하는 양상추를 개발하기 위해 여러 해 동안 노력해 왔다.

매일매일 주사와 약물에 의존하는 당뇨병 환자들도 언젠가 양상추 잎 몇 장만 아삭아삭 씹어 먹으면 인슐린을 충분히 섭취하게 될 수도 있다는 이야기이다.

인슐린 양상추는 약물이나 주사에 비해 먹기 쉽고 휴대하기도 간편하지만, 무엇보다 가격이 저렴하다는 것이 가장 큰 장점이다. 몇몇 개발도상국에서는 당뇨병 치료약을 구입하는 비용이 가구당 평균 소득의 절반이나 차지하고 있으니까 말이다.

현재까지 쥐를 대상으로 한 실험에서는 인슐린 양상추가 효과를 보였지만, 아직 사람에게 적용해 보지는 않았다. 그렇지만 값비싼 치료약 대신 양상추로 당뇨병을 치료할 수 있는 순간이 온다면, 수천만 명의 삶이 달라질 것이다.

안전한 먹거리를 원하는 사람들

'비유전자 변형 식품', '천연 유기농 식품' 등, 마트에서 물건을 사거나 냉장고에서 식료품을 꺼냈을 때, 포장지에 커다랗게 써 놓은 몇몇 문구를 본 적이 있을 것이다. 그런데 조금 이상한 느낌이 들기도 한다. 유전자 재조합 농산물은 해충에 강하고 빨리 자라는 데다 안전하기까지 한데, 왜 기피하는 사람들이 생겨난 걸까?

사실 과학자들이 넘어서는 안 될 선을 넘었다고 생각하는 사람들도 상당히 많다. 유기농으로 작물을 재배하는 농부들이나 건강한 먹거리를 알리기 위해 활동하는 운동가들은 유전적으로 변형된 작물을 멀리하고 자연에서 얻은 음식만 먹어야 한다고 주장한다. 어느 누구도 유전자 재조합 식품이 안전하다고 확신할 수는 없기 때문이다.

왜 안전을 확신할 수 없냐고? 대개 유전자는 우리 몸속에서 한 가지

유전자 재조합 식품에 반대하는 거리 행진. 맨 앞 여성이 '식품 투명성(자연 그대로의 식품)'이라고 적힌 피켓을 들고 있다.

이상의 기능을 수행한다. 따라서 식물로부터 유전자를 채취하여 다른 식물에 삽입할 때, 과학자들조차 예상하지 못한 일이 벌어질까 봐 우려하는 것이다. 병충해에 강해진다고 해서 유전자를 삽입했는데, 다른 부분에 변형을 일으킬지도 모르는 일이니까.

게다가 그 변형이 사람들에게 악영향을 미친다면? 유전자 재조합 과정에서 우연히 발생한 식물의 독소가 십 년 후 인간의 몸에 암을 유발한다면? 아니면 바이러스에 강한 품종을 개발하는 과정에서 새로운 질병으로 돌연변이를 일으킨다면? 혹시 유전자 재조합 식품이 누군가에게 위험한 알레르기 반응을 일으킨다면?

지구에 사는 어린이들, 특히 북아메리카 지역에 사는 어린이들은 지금 이 순간에도 유전자 재조합 농작물을 먹고 있을 가능성이 크다. 특히 옥수수로 만든 시리얼이나, 콩과 카놀라유로 만든 빵을 좋아하는 어린이라면 유전자 재조합 식품에 노출될 확률이 더더욱 높다. 북아메리카에서 재배하는 옥수수와 콩은 거의 대부분 유전자 재조합 기술을 거치기 때문이다. 그렇지만 캐나다 연방 보건부와 미국 식품 의약국은 모든 작물이 안전하다는 입장을 꿋꿋이 지키고 있다.

하지만 유럽은 조금 다르다. 유럽 각 국가의 정부에서는 건강한 먹거리에 대한 시민들의 걱정을 가볍게 여기지 않는다. 적극적인 행동으로 옮기지는 않더라도, 최소한 아직 안전성을 확신할 수 없다는 데에는 동의하고 있다.

유럽 연합의 경우, 유전자 재조합 농작물이라면 어느 것 하나 빠짐없이 철저히 조사해서 식품 안전을 연구하는 과학자들로부터 승인을 받아야 한다고 정해 놓았다. 현재까지 과학자들은 동물이 먹는 몇 가지 사료는 괜찮지만 사람의 음식은 안전하지 않다고 판단하고 있다. 유럽에서 재배해도 좋다고 허용한 유전자 재조합 작물은 옥수수의 특정 품종 하나밖에 없다.

유전자 재조합 기술은 역사가 짧고 논란이 워낙 많아서 아직까지 세계적으로 통일된 법안이 만들어지지 않은 상황이다. 그래서 각 나라마다 입맛에 맞는 다양한 규정을 만들어 따르고 있다. 그러다 보니 누구 말이 맞는지는 시간이 충분히 흐른 뒤에야 알 수 있을 전망이다.

씨앗 전쟁이 일어났다!

법정에서는 정숙하십시오! 앞에 서 있는 원고는 캐나다의 평범한 농부 조 아저씨입니다. 조 아저씨는 한평생 묵묵히 카놀라와 밀과 옥수수 농사를 지으며 자연 그대로의 가장 깨끗하고 순수한 씨앗만 심어 왔습니다.

피고는 거대한 농업 생물 공학 기업 자이언트입니다. 자이언트는 조 아저씨네 밭 주변의 땅에 농사를 짓는 농부들에게 유전자 재조합 씨앗을 팔았습니다.

그럼 두 가지 쟁점을 배심원 여러분에게 공개하겠습니다.

- **첫 번째 쟁점** : 유전자 재조합 작물에서 나온 꽃가루가 바람을 타고 조 아저씨네 밭에 날아들었다. 꽃가루는 금세 아저씨가 기르는 작물에 옮겨 붙었다. 이제 조 아저씨 농장의 카놀라와 밀과 옥수수는 유전자 재조합 기술을 거치지 않은 순수 유기농 작물이라고 할 수 없게 되어 버렸다. 불어오는 바람을 막아 내지 못하는 이상 해마다 같은 일이 반복될 것이다.

- **두 번째 쟁점 :** 자이언트는 자신들이 개발한 유전자 재조합 씨앗에 대해 특허권을 갖고 있다. 조 아저씨네 밭으로 날아간 꽃가루도 엄밀히 말하면 자이언트의 소유인 셈이다. 그러니 꽃가루가 저절로 바람에 실려 날아갔든, 아저씨가 직접 씨앗을 가져다 심었든 그런 건 중요하지 않다. 조 아저씨의 밭에서 자이언트 소유의 경작물이 자라고 있으니, 아저씨는 자이언트에 정당한 대가를 지불해야 한다.

정말 그래야 할까?

미국과 캐나다 등 북미의 법정에서는 실제로 이런 재판이 열리고 있다. 위의 내용도 캐나다에 사는 농부 슈마이저와 다국적 기업 몬산토가 특허권을 놓고 다툰 실제 사건을 꾸민 내용이다.

그런데 당황스럽게도, 한 곳에서 조 아저씨의 손을 들어 주면 곧바로 다른 법정에서 그 판례를 뒤집어 버리는 혼란스러운 상황이 계속되고 있다. 종종 기업이 농부 개인에게 책임을 묻지 않겠다고 약속하면서 아주 간단히 마무리되는 소송도 있지만, 농부의 입장에서는 판

결이 썩 탐탁할 리가 없다. 그런 판결문이 유전자 재조합 꽃가루를 싣고 오는 바람까지 막을 수 있는 건 아니니까.

여러분이 판사라면 어떤 결정을 내릴 것인가?

DNA를 지켜라, 종자 은행

DNA는 생명을 구성하는 기본 단위이다. DNA의 나선형 구조 안에는 완두콩과 메뚜기, 초파리를 위한 유전 암호가 담겨 있다. 그런데 소코트라섬의 용혈수처럼 생물 한 종이 멸종될 위기에 처한다면 어떻게 될까? 그 생물의 DNA는 지구상에서 영영 사라지게 될지도 모른다.

급작스러운 기후 변화는 소코트라섬의 용혈수 같은 식물에게 큰 위협이 되고 있다. 거기에 갑작스러운 병해나 자연재해와 같은 위험도 늘 도사리고 있다.

게다가 농부들은 적은 노력을 들이고 쉽게 키울 수 있는 작물로 재배 품종을 점차 바꾸어 나가고 있다. 알록달록한 여러 가지 색깔의 토마토나 생산성이 다소 떨어지는 밀과 쌀의 교배종을 쉽게 볼 수 없는 것도 이런 이유 때문이다. 다양한 식물 종이 살아갈 기회가 점차 줄어들고 있는 셈이다.

이렇게 여러 가지 이유로 몇몇 식물들이 아예 멸종해 버리지는 않을까 염려하던 과학자들은 점차 줄어드는 DNA의 다양성을 지키기 위해 세계 곳곳에 '종자 은행'을 세우기로 결정했다. 종자 은행은 아주 오랫동안 식물의 씨앗을 안전하게 보관할 수 있는 창고와 같은 곳이다. 어떤 창고에는 사람이 먹을 수 있는 작물의 씨앗을 비축하고, 또 다른 창고에는 멸종 위기에 처한 식물의 씨앗을 보관해 놓기도 한다. 그 밖에도 연구자들은 지구상에 존재하는 씨앗이란 씨앗을 모두 모아 종류별로 나누고 저장하기 위해 많은 노력을 기울이고 있다.

노르웨이와 북극 중간쯤에 있는 얼음으로 둘러싸인 스발바르섬에는 사람들이 '지구 최후의 날 저장고'라고 부르는 종자 은행이 있다. 정식 명칭은 '스발바르 국제 종자 저장고'이다. 과학자들은 스발바르섬의 산을 깊이 파고 온갖 종류의 씨앗을 묻은 뒤, 단단한 바위와 꽁꽁 언 흙으로 덮어 버렸다.

만약 소행성이 지구와 충돌해서 지상의 생명체가 사라지고 모든 전력이 끊긴다 하더라도, 스발바르 국제 종자 저장고에 묻은 씨앗들은 안전하게 살아남을 거란다.

어떤 사람들은 종자 보관함에 미래의 들판과 평원이 담겨 있다고 믿는다.

다시 말하자면, 스발바르 국제 종자 저장고는 일종의 'DNA 금고'라고 할 수 있다!

어떤 애완동물을 원하세요?

작은 동물을 키우고 싶다고? 그렇다면 어두운 곳에서 반짝반짝 빛나는 물고기는 어떨까? 줄무늬 열대어에 빛을 뿜는 세포를 조금 첨가한 유전자 연구소표 신상품! 헛소리하지 말라고? 농담이 아니라 2003년에 미국에서 첫선을 보인 '글로 피시'는 세계 최초의 유전자 재조합 애완동물이다.

물고기가 어떻게 빛을 내냐고? 관상용 열대어의 수정란에 산호에서 추출한 형광 물질 유전자를 넣어서 부화시켰기 때문에 몸에서 빛을 내게 된 것이다.

유전자 재조합 물고기. 예쁘기는 한데 어딘지 꺼림칙해 보인다고?

사실 처음부터 애완동물로 판매하고자 반짝이는 물고기를 만든 것은 아니었다. 글로 피시는 싱가포르와 대만의 과학자들이 수질 오염 정도를 측정하기 위해 개발한 유전 공학 물고기였다. 오염 물질이 적은 맑은 강과 호수에서는 물고기의 몸에서 나오는 빛이 잘 보이는 원리를 이용해 수질을 확인하려고 했던 것!

하지만 처음 개발한 의

도와 달리, 글로 피시는 금세 애완동물 회사의 관심을 끌게 되었다. 당시 아시아에서 애완동물 시장의 규모가 점점 불어나던 시기이기도 했다. 북아메리카에서는 이미 수많은 사람들이 강아지와 고양이, 햄스터 등 다양한 애완동물을 위해 서슴없이 지갑을 열던 때였다. 그러니 신기하고 색다른 교배종을 내놓기만 하면, 호기심 많은 고객들이 줄을 설 거라는 건 예상하기가 크게 어렵지 않았다.

브라질 출신의 예술가 에두아르도 카츠는 토끼의 DNA에 태평양 연안 북서부에 서식하는 해파리의 유전자를 넣어 보았다. 그랬더니, 짠! 형광 토끼가 탄생했다. 그러자 동물 권리 보호 단체는 크게 분노했다. 에두아르도 카츠가 마치 신이라도 되는 양 생명을 가지고 놀았다며 맹비난했다. 그런데 정작 카츠는 유전자 재조합 기술을 옹호하는 그 어떤 의견도 밝힌 적이 없다.

사실 과학자들은 이미 한참 전부터 동물을 대상으로 유전자 재조합 기술을 꾸준히 시험해 왔다. 카츠는 상상의 액자에 그 문제를 담아 예술 작

예술가 카츠의 또 다른 실험

예술가인 카츠는 인간과 로봇을 정맥 주사로 연결하여 직접 영양분을 주고받게 한 적도 있었다. 인간의 혈액에서 산소를 추출한 로봇은 불꽃을 피우고 다시 인간에게 포도당을 공급해서 혈액의 생성과 순환을 돕는 역할을 한다. 이때 사람마다 혈액의 산소 함유량이 다르기 때문에 불꽃의 모양도 달라지게 된다. 카츠는 인간과 로봇의 새로운 관계를 상징하기 위해 만든 작품이라고 밝혔다.

품으로 선보였을 뿐이다. 유전자 재조합 기술에 대해 대중의 관심을 환기시키기 위해서였다!

이미 카츠는 실험적인 퍼포먼스를 하는 예술가로 이름이 나 있었다. 스스로 자신의 다리에 위치 추적 장치를 심어서 개인의 안전과 사생활 보호에 대해 사람들이 다시금 생각해 보도록 만든 적도 있었다. 이래저래 논란의 중심에 서는 데 아주 익숙한 예술가였던 셈이다.

카츠가 만들어 낸 형광 토끼 역시 아주 중요한 질문을 이끌어 냈다. 사실 많은 과학자와 윤리학자, 동물 권리 보호 운동가, 심지어 잠재적인 애완동물 구매자들까지 스스로 묻고 고민하던 질문이었다.

'과연 현대의 유전 공학 기술로 어디까지 가능한 것일까? 다른 생명체의 DNA를 장난감처럼 가지고 노는 것이 윤리적으로 옳은 일일까? 그럼 만약 그게 사람의 DNA라면?'

동물 권리 보호 운동가들은 동물의 유전자를 함부로 재조합하거나 바꾸면 안 된다고 강력하게 경고한다. 실험실에서 동물의 유전자를 멋대로 조합하는 행위는 동물을 생명이 없는 물건으로 취급하는 것과 마찬가지라고 생각하기 때문이다.

물론 모두가 그 의견에 동의하는 게 아니라는 건, 미국과 아시아에서 이미 수백만 마리의 글로 피시가 팔려 나간 것만 보아도 충분히 짐작할 수 있다. 적어도 그 사람들은 유전자 재조합 애완동물에 대해 그다지 심각하게 여기지 않는 모양이다.

같으면서도 다른 쌍둥이

주변에 쌍둥이인 친구가 있다면, 두 사람을 어떻게 구분하는 게 가장 손쉬울까? 엄마의 난자와 아빠의 정자가 만나면 수정란이 만들어진다. 그런데 어쩌다 수정란이 둘로 갈라질 때가 있다. 그럴 때면 똑같은 두 개의 수정란이 각각 태아로 자라나게 된다. 이런 과정을 거쳐 천분의 일 확률로 일란성 쌍둥이가 태어나는 것이다.

비교적 최근까지도 사람들은 일란성 쌍둥이의 DNA가 서로 똑같을 거라고 믿어 왔다. 어쨌든 하나의 수정란에서 비롯되었으니, 둘의 유전 암호도 같을 거라고 생각하는 게 크게 이상한 일은 아니다.

하지만 반드시 유전 암호가 일치하는 건 아니라는 사실이 밝혀졌다. 엄마의 자궁 안에 있는 동안 쌍둥이의 몸속에서 서로 다른 DNA 돌연변이가 일어날 수 있기 때문이다. 쌍둥이의 세포가 끊임없이 분열하면서 아주 작은 차이가 조금씩 생겨나는 것이다. 게다가 쌍둥이가 태어나기 전후의 환경도 큰 몫을 한다. 어떤 환경에 놓여 있는지에 따라 유전자가 활성화되기도 하고 작동하지 않기도 하는 것이다.

아무리 그래도 일란성 쌍둥이가 다르다는 말을 믿지 못하겠다고? 가장 대표적인 예로, 일란성 쌍둥이는 지문이 다르다!

인간을 연구한다는 건 여러모로 쉽지 않은 일이다. 어떤 형질이 DNA로부터 생겨나고 어떤 형질이 환경 때문에 발현되는지 정확히 구분하기가 어렵기 때문이다. 그런 점에서 쌍둥이는 유전학자들에게 상당히 매력적인 연구 대상이다.

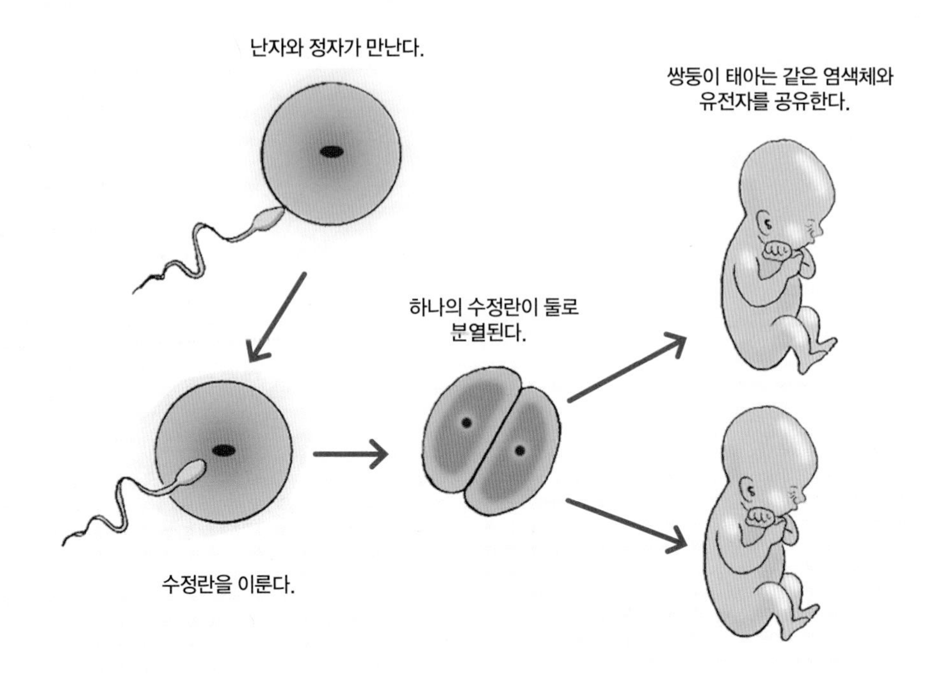

형질은 선천적으로 타고나는 걸까, 아니면 후천적으로 얻는 걸까? 만일 여러분의 옆집에 성질이 아주 고약한 아저씨가 살고 있다고 가정해 보자. 그 사람은 그런 성격을 타고난 걸까, 아니면 어린 시절을 힘들게 보내면서 서서히 변한 걸까?

과학자들은 쌍둥이를 대상으로 한 실험에서 그 답을 찾으려고 한다. 만일 그 아저씨에게 쌍둥이 동생이 있는데, 동생은 아저씨와 달리 상냥하고 친절하며 참을성도 많다. 그렇다면 그 고약한 성질은 집안 내력이 아닐 확률이 높다. 아마도 무언가 힘든 일을 겪은 탓에 성격이 변해 버린 거라고 짐작할 수 있는 것이다.

독일의 피부 질환 전문가 헤르만 베르너 지멘스 박사는 쌍둥이를 연구한 최초의 의사 중 한 명이다. 1924년, 지멘스는 쌍둥이의 몸에 있는 점을 하나하나 세어 보았다. 그 결과 DNA의 절반만 공유하는 이란성 쌍둥이보다, DNA가 거의 일치하는 일란성 쌍둥이의 점 개수가 비슷할 확률이 두 배 정도 높다는 사실을 알아냈다. 점이라는 형질이 부분적으로 유전적인 요인에 의해 생겨난다는 사실을 증명해 보인 셈이다.

사실 지멘스의 '쌍둥이의 점' 연구 자체는 그다지 큰 주목을 받지 못했다. 그렇지만 전 세계에 널리 퍼져 있는 연구자들은 곧 쌍둥이 연구의 가치가 무엇인지를 알아보았다. 이 시기부터 과학자들은 스트레스 호르몬, 청소년의 흡연, 폐활량, 귀 모양 이상, 시력 등과 같은 다양한 분야의 연구에 쌍둥이를 활용하기 시작했다.

과학자들은 같은 집에서 함께 자란 쌍둥이와 각자 다른 가족에게 입양되어 따로 자란 쌍둥이를 비교하기도 한다. 이 연구를 통해 선천적으로 타고나는 특성과 후천적으로 얻게 되는 특성을 구분하게 되었다.

예를 들어 네덜란드에서 진행된 쌍둥이 연구에 따르면, 스카이다이빙과 같이 스릴 넘치는 모험을 즐기는 성향은 유전과 양육 방식의 영향을 반반씩 받는다고 한다. 반면에 신앙심은 타고나는 게 아니라 대부분 집안 분위기에서 비롯된다. 흡연 여부는 조금 더 복잡하다. 유전적 요인과 가정환경을 비롯해서, 굉장히 다양한 상황의 영향을 받는 것으로 밝혀졌기 때문이다.

지금까지 쌍둥이 연구는 놀랄 정도로 다양한 분야에 활용되어 왔다. 그런데 과학적 연구를 위해서라면 쌍둥이보다 세쌍둥이가 더 유용하다.

그보다 더 연구하기에 좋은 건 네쌍둥이일 것이다. 잠깐, 그럼 수많은 클론이 있다면 어떨까?

유전학을 빛낸 슈퍼스타, 복제양 돌리

클론들은 유전적으로 서로 완전히 같다. 하나의 세포에서 분화되어 동일한 유기체로 자라나기 때문이다. 이렇게 DNA가 서로 완벽하게 일치하기 때문에 클론은 과학자들의 유전학 연구에 상당히 유용하다. 어떤 실험을 했는데, 한 개체가 다르게 반응한다면 적어도 유전적 요인이 아니라는 사실을 쉽게 밝힐 수 있기 때문이다.

클론이 국제적 관심을 끌기 시작한 것은 1996년 돌리의 탄생 덕분이었다. 그렇다면 돌리가 어떻게 세상에 나오게 되었는지 한번 살펴볼까?

1. ①번 양의 난자를 채취하여 세포핵을 도려낸다.
2. ②번 양에게서 체세포를 얻어 ①번 양의 난자에 집어넣는다. 돌리를 만들 때는 ②번 양의 유선 조직 세포를 이용했다고 한다. 이렇게 해서 ②번 양의 DNA만 들어 있는 새로운 세포가 만들어진다.
3. 이 세포에 아주 약한 전기 자극을 주어 복제와 분화를 유도한다.
4. 마지막으로 ③번 양의 자궁에 세포를 이식하여 임

신이 되도록 한다.

스코틀랜드 에든버러 로슬린 연구소의 이언 윌머트 박사와 동료 과학자들은 위와 같은 과정을 거쳐 양을 복제해 냈다. 돌리는 체세포를 채취한 두 번째 양과 완벽하게 일치하는 클론으로 건강하게 태어났다.

돌리가 세상에 나오기까지 윌머트 박사와 동료들은 비록 275번이나 실패했지만, 결국 세계 최초로 포유류 복제에 성공했다. DNA를 제공한 포유류와 모든 면에서 똑같은 동물을 만들어 낸 것이다! 이 기술이 발표된 후 세계 곳곳에서 쥐, 소, 원숭이, 돼지 등을 이용하여 클론을 생산하기 위한 시도가 이어졌다.

유전자 조작이 남의 일이라고?

2008년, 놀랍게도 우리나라에서 유전자를 조작해 형광 고양이를 만들어 냈다. 뿐만 아니라 1억 원 이상의 금액을 지불하면 죽은 반려견을 복제할 수도 있다. 인천 국제공항에서 활약 중인 마약 탐지견 역시 복제견으로 소개되기도 했다. 동물의 유전자 조작이나 복제에 대해서 어떻게 바라봐야 할까? 멀리 있는 일이 아닌 만큼, 관심을 갖고 지켜보도록 하자.

복제 기술은 약일까, 독일까?

아무리 유전자 연구가 중요하다고는 하지만 동물의 몸에 난 점을 세어 보거나 담배가 동물에게 미치는 영향을 알아야 할 필요까지는 없을 것이다. 그런데 굳이 쌍둥이 양은 왜 만드는 걸까? 설마 양털이 필요해서?

과학자들이 약물 실험을 할 때 클론을 이용하면, 적어도 DNA라는 변수는 확실하게 통제할 수 있다. 또 특정 동물의 습성이 선천적인 것인지 후천전인 것인지도 정확히 알 수 있을 것이다. 그런데 클론 연구에 찬성하는 연구자들은 그보다 더 큰 가능성을 내다보고 있다. 언젠가 이런 일들이 이루어질 거라는 믿음이라고나 할까?

1. 사람의 장기를 복제할 수 있다면, 장기 이식 대기자 명단을 살피며 초조하게 기다리지 않아도 된다.
2. 신경 세포는 한번 손상되면 스스로 재생되지 않는다. 이런 세포를 복제하는 기술이 나온다면 척수 부상 환자도 치료할 수 있다.
3. 망가진 심장에 건강한 심장 세포를 주입해서 마치 새 심장을 얻은 것마냥 치료하는 일도 가능해질 것이다.
4. 여러 가지 이유로 자식을 낳을 수 없는 사람이 자신의 클론을 만들어 키울 수 있을 것이다.

이 가운데는 벌써 본격적으로 진행 중인 연구도 있다. 2003년, 일본의 과학자들은 돼지 몸 안에서 인간의 장기를 길러 낼 수 있도록 허가해 달라는 요청을 했다.

과학자들의 계획은 다음과 같았다. 먼저 돼지의 배아에 인간의 줄기세포를 결합시킨다. 그리고 배아를 다시 어미 돼지의 자궁에 넣어 기른다. 그렇게 태어난 새끼 돼지는 인간의 장기를 갖추게 된다. 과학자들은 그 장기를 채취하여 필요한 사람에게 이식만 하면 되는 것이다. 당시에 이 실험은 쥐를 대상으로 이미 성공을 거둔 상태였다.

복제 기술을 반대하는 사람들은 과학이 윤리를 너무 앞질러 나가고 있다고 주장한다. 아무리 실험 대상이라고는 하지만 단지 복제 기술을 위해 생명을 멋대로 만들었다가 함부로 없애 버리는 행위는 너무 잔인하다는 것이다. 여기에 인간 세포까지 복제하기 시작하면 무슨 일이 벌어질지 모

맞춤형 우주 비행사가 필요해!

우주여행에 더 적합하도록 인간의 유전자를 재조합하는 일이 가능할까? 몇몇 연구자들은 약한 중력에 알맞게 뼈의 밀도를 수정하고, 더 긴 하루를 보낼 수 있도록 수면 리듬을 바꾸고, 방사선에 잘 견딜 수 있도록 피부 두께를 조정한다면, 긴 우주여행은 물론이고 화성에서도 살아남을 수 있을 거라고 주장한다.

른다며 염려하는 사람들도 많다. 자칫하면 실험실에서 복제 아기를 사용하게 되지는 않을까?

다행히도 아직 그런 걱정을 할 단계까지는 아닌 것 같다. 대부분의 국가에서는 인간 복제 기술을 금지하고 있는 상황이니까. 사실 일본 과학자들이 제안했던 돼지를 이용한 장기 복제 기술도 아직까지 허가를 받지 못하고 있다.

팜유에 밀린 수마트라코뿔소

보르네오섬은 세계적인 팜유 생산지 중 하나이다. 야자나무에서 나오는 팜유는 보르네오섬의 주요 수입원이기도 하다. 그래서 보르네오섬의 벌목꾼들은 전 세계 가공식품 산업의 수요를 맞추기 위해 숲을 밀어 버리고 그 자리에 대규모 야자나무 농장을 지었다.

팜유로 튀긴 감자칩을 좋아하는 사람에게는 반가운 소식일지 모르겠지만, 수마트라코뿔소에게는 전혀 아니었다. 숲을 밀어 버리면서 코뿔소들의 서식지가 사라져 버렸기 때문이다. 게다가 얼마 남지 않는 코뿔소들

마저 무자비하게 사냥당하고 말았다. 비싼 약재로 쓰이는 코뿔소의 뿔을 잘라 암시장에 내다 팔려는 사람들의 짓이었다.

환경 보호 운동가들은 그나마 남은 몇 마리라도 보호 구역에서 안전하게 살기를 바라는 마음으로 살아남은 코뿔소들을 구조하고 있다. 미국의 신시내티 동물원에서 한 쌍의 코뿔소가 새끼 세 마리를 낳았다는 반가운 소식도 전해졌다. 보르네오섬의 과학자들도 어미 코뿔소가 새끼를 밸 수 있도록 적극적으로 돕는 중이다.

사실 코뿔소 개체군을 되살리려는 노력은 실패할 가능성이 상당히 높다. 워낙 남은 개체 수가 적은 데다 다친 녀석들도 많기 때문에, 이런 식으로는 위기에 처한 종을 구할 수 없다는 사실만 증명하는 꼴이 될지도 모른다.

게다가 몇 마리 되지 않는 부모에게서 태어난 새끼들은 건강하고 안정적인 코뿔소 무리를 형성하기엔 유전적으로 서로 너무 비슷하다. 그렇다고 코뿔소의 서식지인 열대 우림이 하루아침에 다시 생겨나는 것도 아니고……. 그러니 만에 하나 과학자들이 어렵사리 개체군을 만든다 하더라도, 코뿔소가 숲속에서 자유롭게 살아가는 날이 돌아오기는 할까?

과학자들이라고 해서 모든 정답을 손에 쥐고 있는 건 아니지만, 일단 무모한 대책을 마련해 놓기는 했다. 보르네오섬의 과학자들은 수마트라코뿔소의 조직 세포를 채취하여 아주 조심스럽게 얼려 두었나. 훗날 세포를 다시 녹여서 DNA를 복제하려는 계획인 것이다. 물론 그 후에는 복제한 DNA로부터 아기 코뿔소를 길러 내는, 훨씬 더 어려운 일이 남아 있기는 하지만 말이다. 가능성은 매우 희박하지만 앞으로 몇십 년간 유전학이 크게 발전한다면 이 모든 일이 순식간에 이루어질지도 모른다.

물론 결코 쉽지 않은 일이기는 하다. 앞에서도 얘기했지만, 너무 적은 개체군으로 숫자를 불리면 가장 중요한 유전적 다양성을 확보할 수 없기 때문이다. 또 양 복제에 성공해서 돌리를 만들어 내기는 했지만, 다른 멸종 위기 동물을 대상으로 한 복제 실험에서는 지금껏 좋은 성과를 거두지 못하고 있다.

지난 2000년, 미국 매사추세츠의 한 연구실에서 동남아시아 인도들소의 수컷을 복제하기 위해 표본을 마련했다. 연구자들은 총 692개의 세포핵을 건강한 난세포에 이식했다. 그중 81개의 수정란이 세포 분열과 분화를 시작했고, 그 가운데 배아가 되어 암컷 들소의 자궁에 이식할 수 있게 된 것은 42개뿐이었다. 드디어 암컷 들소 8마리가 임신에 성공했다! 그러나 실제로 세상에 태어난 것은 단 한 마리, 노아뿐이었다.

아기 들소 노아는 멸종 위기에 처한 동물을 성공적으로 복제한 첫 사례가 되었다. 하지만 안타깝게도 태어난 지 이틀 만에 감염으로 죽고 말았다.

인도들소

이처럼 애쓴 보람에 비해 결과는 미미한 데다, 멸종 위기 동물의 복제 기술은 복잡하고 돈이 많이 든다는 숙제가 여전히 남아 있다. 환경 보호 운동가들은 동물 복제에 들일 자본과 노력으로 멸종 위기 동물의 서식지를 보호하는 편이 낫다고 말한다. 아니면 차라리 야생에서 살아남을 확률이 더 높은 동식물을 보전하는 데 힘을 쏟자고 주장하기도 한다.

백 투 더 퓨처!

털북숭이 매머드가 다시 한번 북극의 얼음 위를 거니는 모습을 상상해 본 적이 있는가? 인도양 한가운데 떠 있는 작은 섬에 둥지를 튼 도도새의 모습은? 동물원에 소풍 나온 사람들에게 사납게 이빨을 드러내는 검치호는 어떨까?

2008년, 연구자들은 오래전에 죽은 매머드의 뼈에서 염기 서열을 분석해 냈다. 인류가 멸종한 동물의 유전자 지도를 손에 넣은 것은 그때가 처음이었다. 이를 목격한 사람들은 궁금해지기 시작했다. 머잖아 살아 있는 매머드를 볼 수 있게 되는 걸까?

확실한 건 당분간은 그렇게 되기 힘들 거라는 사실이다. 골치 아픈 문제가 한두 가지가 아니다! 일단 생물체가 죽으면 DNA가 분해되기 때문에 2008년에 과학자들이 사용한 매머드의 DNA 표본은 완벽하다고 보기 어렵다. 그렇기 때문에 현재까지 밝혀진 염기 서열로 매머드를 되살리면 매머드에게 수만 가지 돌연변이가 일어날 것이다. 결코 정상적으로 태어나 건강하게 자라지 못할 거라는 뜻이다.

만에 하나, 순수한 형태의 DNA 복제에 성공해서 튼튼한 매머드가 나온다 해도 문제는 여전히 남아 있다.

1. 매머드의 염색체는 몇 개나 될까? 비슷하게 생긴 코끼리의 염색체 수와 같을까? 아직까지 전혀 밝혀지지 않았다.
2. 매머드의 DNA를 어느 동물의 세포에 주입할지도 결정해야 한다. 아마 다른 종의 DNA에 굉장히 잘 적응하는 개구리의 세포나 매머드와 가장 닮은 코끼리의 세포가 적당할 것이다. 그런데 과연 그 세포가 제대로 분열되어 정상적으로 발달할까? 아무도 모를 일이다.

3. 마지막으로 배아를 임신할 수 있는 동물도 필요하다. 과연 암컷 코끼리가 매머드를 출산하는 일이 가능할까?

털북숭이 매머드가 다시 한번 지구에 모습을 드러내기까지는 해결해야 할 문제가 아주 많이 남아 있다. 그런데 정말 언젠가는 이 모든 것들이 이루어지는 날이 오기는 할까? 아무리 좋게 생각해도 터무니없고, 엉뚱하고, 너무 복잡하며, 비용도 많이 드는 일인 것 같다.

그런데 말이지, 누군가 처음 달에 가겠다고 했을 때도 사람들은 똑같은 얘기를 했다!

일란성 쌍둥이의 DNA는 비슷하고, 범인은 단 한 명이다.
둘 중 누가 도둑인지 가려낼 수 있는 방법이 있을까?

피아 너트
(슈퍼모델, 단골손님)

헤이즐 너트
(슈퍼모델, 단골손님)

힌트 : 사실상 거의 불가능에 가까운 일이다. 하지만 150쪽으로 가면 더 자세한 내용을 살펴볼 수 있다!

6 DNA의 매서운 경고

지금까지 유전학자들은 유전자에 대한 모든 지식을 동원하여 놀라운 일들을 이루어 왔다. 그 가운데 몇 가지 흥미로운 발견을 함께 살펴보도록 하자.

1. 과학자들이 전 인류의 DNA를 거꾸로 추적한 결과, 아프리카의 한 지역에서 그 기원을 찾아냈다.
2. 고대 미라의 DNA를 조사하여 이집트 파라오 왕조의 가계도를 그렸다.
3. 청동기 시내 유골의 치아를 긁어 채취한 DNA에서 흑사병을 일으킨 박테리아를 발견했다.

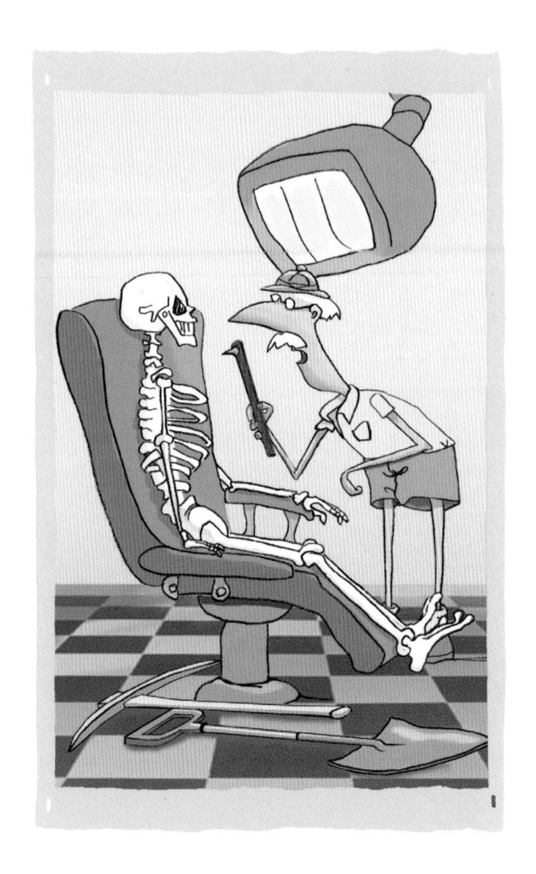

신기하고 재미있는 이야깃거리들이다. 하지만 이런 사실이 우리의 일상생활에 별 영향을 미치지 못할 것 같기도 하다. 정말 그럴까?

살아가면서 DNA에 대해 생각할 기회가 별로 없는 건 사실이다. 병원에 들러 진찰을 받거나 자동차를 타고 경찰서 앞을 지날 때, 혹은 본 지 너무 오래되어서 얼굴마저 기억하기 힘든 친척을 만날 때도 DNA에 대해 깊이 생각할 이유는 없으니까.

그런데 사실 그 모든 시간과 장소에서 유전학은 늘 중요하게 사용된다. 심지어 유전자 연구가 누군가의 삶을 통째로 바꾸어 놓는 경우도 있다! 유전학자들은 사회 곳곳에서 질병을 치료하고, 범죄를 해결하고, 가족을 만나게 도와주기도 한다. 여러분이 살고 있는 곳에서 지금 이 순간 실제로 일어나고 있는 일이다.

신통방통한 버블 탈출 작전

2001년, 영국의 사우스웨일스 지역에 사는 리스 에번스라는 아이가 집 근처 병원으로 실려 갔다. 진단 결과는 폐렴이었다. 의사들이 서둘러 깨끗한 산소를 공급했지만 에번스는 제대로 호흡을 하지 못했다. 급한 마음에 최신 장비를 총동원하여 치료를 시작했지만 에번스의 상태는 썩 좋아지지 않았다.

그런데 혈액 검사를 해 보았더니, 에번스의 유전자에서 결함이 발견되었다. 유전자 결함 때문에 스스로 백혈구를 만들지 못해 각종 세균의 침입을 막아 낼 수 없었던 것이다. 에번스는 곧 런던에 있는 그레이트 오르몬드 스트리트 어린이 병원의 무균실에 입원했다.

에번스와 같은 병을 앓는 아이들을 두고 사람들은 흔히 '버블에 갇힌 아이'라고 부른다. 동그랗고 투명한 버블 모양의 무균실에 항상 갇혀 있어야 하기 때문이다. 그런데 의사들이 에번스의 부모에게 한 가지 제안을 했다.

당시 과학자들은 유전자가 작동하는 방식에 대해 이해를 조금씩 넓혀 가는 중이었다. 그 과정에서 쥐의 '레트로바이러스'에 사람의 건강한 유전자를 주입하는 방법을 발견하게 되었다.

레트로바이러스란, 쉽게 말해 아주 작은 기생충 같은 존재로 건강한 세포에 침입하여 바이러스 암호를 무한 복제하도록 세포를 교란시키는 녀석들이다. 그런데 만일 레트로바이러스를 약간 수정해서 바이러스 암호 대신 사람에게 꼭 필요한 유전자를 실어 나르도록 만들면 어떻게 될까?

프랑스에서 같은 치료법으로 성공을 거둔 사례가 있었지만, 영국에서는 에번스가 첫 번째 치료 대상이었다. 에번스의 부모는 의사들의 제안을 받아들였을까?

부모는 지푸라기라도 잡는 심정으로 치료에 동의했다. 의사들은 곧 에번스를 위해 모험적이고 획기적인 치료에 돌입했다.

1. 제일 처음 에번스의 골수에서 세포를 추출했다.
2. 최신 유전 공학 기술을 활용하여 쥐의 레트로바이러스가 인간의 감마 C 유전자를 복제하도록 만들었다. 에번스는 감마 C 유전자가 고장나서 세균에 대한 저항력이 없는 상태였기 때문에 정상적인 감마 C 유전자가 필요했다.
3. 마지막 단계로 레트로바이러스와 골수 세포를 혼합하여 다시 에번스의 몸에 주입했다.

치료 후 모두 한마음으로 결과를 기다렸다. 그러자 차츰 폐가 깨끗해지기 시작하더니, 몇 달 후 에번스는 친구들과 함께 공원에서 실컷 뛰놀 수 있을 정도로 건강해졌다. 이전에는 상상조차 할 수 없던 일이었다! 에번스의 몸이 스스로 백혈구 세포를 생산해 낼 수 있게 된 것이었다.

에번스는 유전 공학 기술로 목숨을 건진 최초의 환자들 중 한 명이 되었다. 이후 유전자의 원리에 대한 이해의 폭이 넓어질수록 유전자 결함을 치료하는 기술도 함께 발전했다. 그 덕분에 새 생명을 얻은 사람의 수도 점점 늘어나게 되었다.

유전자의 무서운 경고

돌연변이를 직접 본 적이 있거나, 스스로 돌연변이라고 느낀 적이 있는가? 설마 울버린처럼 길고 날카로운 발톱이 돋아난다거나, 퀵 실버처럼 쏜살같이 달릴 수 있는 건 아니겠지? 이렇게 눈에 띄는 돌연변이가 아니라 하더라도, 우리 몸속에는 항상 돌연변이가 존재하고 있다. 한 사람이 갖고 있는 유전 암호가 자그마치 30억 쌍이나 되기 때문에, 그중에 몇몇은 반드시 꼬이게 마련이니까.

대개 돌연변이는 우리 몸에 별다른 문제를 일으키지 않는다. 제대로 된 유전 암호가 균형을 맞춰 주기 때문이다. 그런데 만일 우리 집안 대대로 내려오는 유전 질환이 있다면 어떨까? 여러 세대에 걸쳐 대물림되는 돌연변이라면?

오늘날 가족 병력으로 유방암이 있는 여성들은 유전자 검사를 통해 자신의 BRCA1 유전자에 돌연변이가 일어났는지 미리 확인할 수 있다. BRCA1는 우리 몸에서 순찰대 같은 역할을 하는 유전자이다. 손상된 DNA를 복구하는 데 꼭 필요한 단백질을 만드는 임무를 맡고 있기 때문에, 이 유전자가 제 역할을 하지 못하면 세포 회복 기능이 떨어져 종양이 자라나게 된다. 따라서 BRCA1 유전자가 손상된 사람에게는 약 65퍼센트의 확률로 유방암이 발병하게 되는 것이다. 그것도 아직 젊은 나이에 말이다.

그래서 유방암 가족 병력이 있는 여성들은 미리 유전자 검사를 해 보는 경우가 많다. 유방암에 걸릴 확률을 낮추기 위한 조치를 취해야 하니

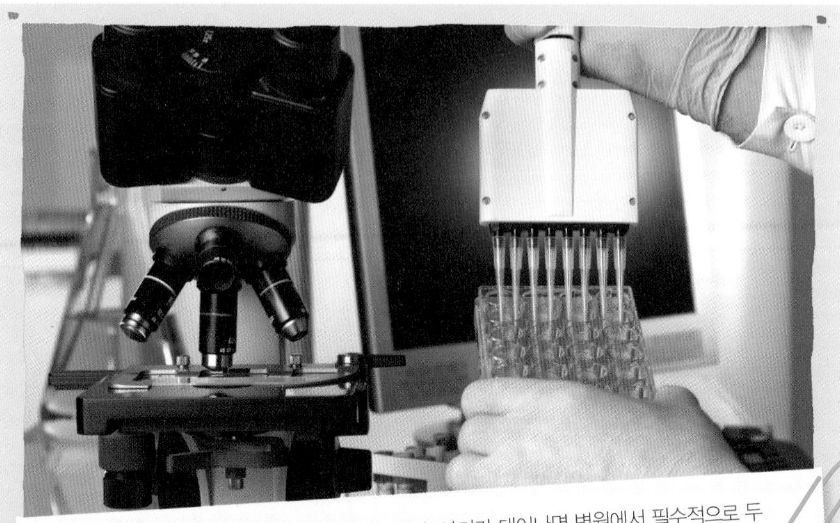

여러분도 유전자 검사를 받은 적이 있을지 모른다. 아기가 태어나면 병원에서 필수적으로 두 가지 유전 질환에 대한 검사를 하기 때문이다. 하나는 페닐케톤뇨증으로 대표되는 선천성 대사 장애인데, 제때 고치지 않으면 뇌 손상으로까지 이어진다고 한다. 다른 하나는 갑상선 문제를 일으키는 유전자 이상이다. 위의 두 가지 유전적 질환은 초기에 발견하고 치료하면 쉽게 고칠 수 있다.

까. 여성들은 각자의 상황에 맞게 예방적 방사선 치료를 받거나 과감히 수술을 선택하기도 한다.

그런데 가족 병력을 알아도 뚜렷한 치료 방법이 없는 경우도 있다. 그 대표적인 예가 바로 '조기 치매'와 같은 질병이다. 유방암과 마찬가지로 조기 치매도 발병 가능성을 미리 확인할 수 있다. 즉, 검사를 통해 해당 유전자의 결함이 발견되면 50대나 60대의 젊은 나이에 기억을 잃을 가능성이 크다는 뜻이다. 하지만 이 경우는 그 사실을 알아도 특별히 할 수 있는 일이 없다. 그런데도 미리 아는 편이 나을까?

DNA 전등에는 스위치가 있다고!

최근 몇십 년 사이에 밝혀진 놀라운 사실이 하나 더 있다. 특정 유전자를 갖고 태어났다고 해서 반드시 그 형질이 겉으로 드러나는 것은 아니라는 사실이다. 유전자가 있는지 없는지만큼이나 중요한 게 그 유전자가 실제로 작동하는지의 여부이다. 그래서 유전적으로 거의 동일한 일란성 쌍둥이도 서로 조금씩 차이를 보이게 되는 것이다.

DNA가 제대로 작동하기 위해서는 단백질과 화학 지표의 도움이 필요하다. 이해하기 쉽도록 단백질과 화학 지표를 전등 스위치라고 생각해 보자. 우리는 벽에 붙은 스위치를 눌러서 불을 켜기도 하기고 끄기도 한다. 마찬가지로 우리 몸속에서는 단백질과 화학 지표가 유전자를 켰다 껐다 조절하는 일을 하고 있다.

하지만 그저 스위치에 불과하기 때문에 유전 암호 자체를 바꿀 수 있는 건 아니다. 단백질이나 화학 지표와 상관없이, DNA에 새겨진 유전 암호는 그대로 유지된다. 단, 그 유전 암호의 어느 부분을 실제로 사용할 것인지만 스위치가 결정하는 것이다.

이 조그마한 스위치를 연구하는 학문을 '후생 유전학'이라고 부른다. 후생 유전학을 연구하다 보면 우리 몸에서

일어나는 온갖 신기한 일들을 설명할 수 있게 된다. 예를 들면 이런 것들이다.

1. 세포마다 똑같은 DNA가 들어 있는데, 왜 적혈구라는 혈액 세포는 통통한 동그라미 모양이고, 뉴런이라는 신경 세포는 길고 가는 모양일까? 왜 서로 다른 모양으로 자라나는 것일까?
2. 평생 한집에서 같이 산 일란성 쌍둥이인데 왜 한 사람만 당뇨에 걸리는 걸까?
3. 어미 쥐가 비타민을 먹고 새끼를 낳으면 새끼 쥐의 털색이 변하게 된다고 한다. 비타민은 DNA를 바꾸지 못한다. 그런데 왜 이런 일이 벌어지는 것일까?

이게 바로 후생 유전학의 비밀이다! 방금 위에서 이야기한 세 가지 경우 모두 스위치가 세포에게 어떤 유전자를 켜고 어떤 유전자를 끌 것인지 지시한 결과이다. 하지만 스위치가 언제, 왜 켜지는지는 아직까지 완전히 밝혀지지 않았다. 많은 과학자들은 아마 그 이유가 각자의 습관이나 생활환경과 관련이 있을 거라고 짐작하고 있다.

둘 중 당뇨에 걸린 쌍둥이가 어려서부터 유독 단것을 많이 먹었다면, 유전 암호가 조금은 다르게 작동했을 것이다. 아니면 오랫동안 아주 독한 약을 복용했다거나, 한 일 년 정도 해외에 나가 다른 환경에서 생활했을지도 모른다. 혹은 일이 너무 바빠서 심한 스트레스 시달렸을 가능성도 있을 것이다. 현재 상황에서는 앞에서 든 모든 예가 유전자의 스위치를 켜고 끄는 요인이 될 수 있다.

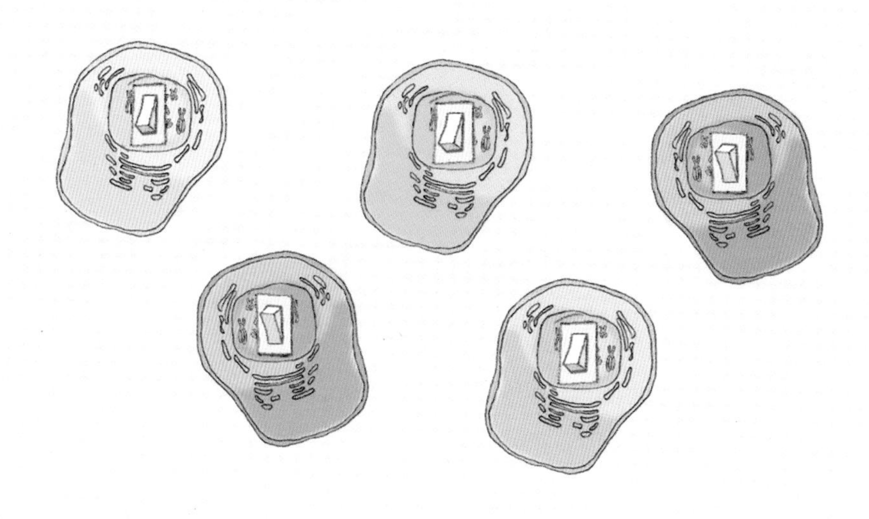

후생 유전학이 지금보다 더 발전하게 되면 스위치가 내려간 유전자를 다시 켜는 화학 지표도 알아낼 수 있을 것이다. 반대로 켜진 유전자의 스위치를 내리는 방법도 찾게 될 것이다. 이미 몇몇 실험실에서는 어떻게 하면 개개인의 독특한 후생 유전적 변화에 딱 맞는 약품을 만들 수 있는지에 대한 연구가 한창 진행 중이라고 한다.

할아버지가 켜 놓은 유전자 스위치

한 가지 희한한 건, 부모의 스위치가 자식에게까지 유전될 수 있다는 점이다. 이 같은 사실은 식물을 활용하면 쉽게 증명할 수 있다. 샐러드에 넣어 먹는 뿌리가 빨갛고 동글동글한 적환무는 애벌레의 공격을 받으면 뾰족한 가시가 돋친 채 지독한 냄새를 내뿜는다. 애벌레를 쫓아 버리기 위해서라면 뭐든지 하는 것이다! 그렇다고 적환무가 돌연변이를 일으켜 유전 암호 자체가 변한 건 아니다. 단지 애벌레가 있느냐 없느냐의 여부에 따라 스위치가 올라가거나 내려가는 것뿐이니까.

이상한 건 바로 여기서부터이다. 다음 세대에 태어난 아기 적환무는 아직 애벌레 근처에도 가 본 적이 없는데 가시가 돋치고 악취를 풍긴다! 이것이 바로 부모 세대의 적환무가 후생 유전적 변화까지 다음 세대에게 물려준다는 것을 증명하는 예이다.

비슷한 일이 인간에게도 일어날 수 있다. 연구자들은 스웨덴 북부에 있는 어느 마을의 농작물 수확 기록을 연구하다가 신기한 점을 발견했다. 1800년대 후반부터 1900년대 초반까지 풍년이 들어 배불리 먹고 자란 남성의 아들과 손자들이 심장병이나 당뇨에 걸릴 확률이 높은 것으로 밝혀진 것이다. 반대로 당시 수확량이 줄어 상대적으로 적게 먹고 자란 사

람들의 후손들은 건강 상태가 훨씬 더 좋았다.

믿기 힘든 이야기지만 사실이다. 연구자들은 어릴 때 음식을 많이 먹은 사람이 자라는 과정에서 후생 유전적 변화를 겪었을 거라고 추측한다. 즉, 몸이 필요 이상의 음식에 적응해 버렸다는 뜻이다. 바로 그 후생 유전적 변화가 아들과 손자들에게까지 그대로 전해져 심장병이나 당뇨와 같은 질병을 일으키게 된 것이다.

인간은 유전체가 너무나 복잡하고 수명도 길기 때문에 위와 같은 후생 유전적 변화를 증명하는 데 어려움이 상당히 많다. 그것이 바로 인간의 가계도보다 금방금방 자라는 적환무의 세대 변화를 추적하는 편이 훨씬 쉬운 이유이다.

한 가지 분명한 건 후생 유전이 사람들의 삶에 직접적인 영향을 주고 있다는 점이다. 아니, 더 나아가 다음 세대에게까지 큰 영향을 미친다고 할 수 있겠다.

DNA에 지문이 있다고?

유전자는 또 어떤 방식으로 우리의 삶에 영향을 미칠까? 음, 만일 여러분 중 누군가가 조만간 큰 범죄를 저지를 계획이라면 영향이 있을지도 모르겠다. 혹시라도 정말 그럴 마음이라면 영국의 과학자 앨릭 제프리스의 업적에 대해 미리 살펴보는 편이 좋을 것이다.

1984년, 앨릭 제프리스는 DNA 엑스선 필름에 푹 빠져 있었다. 제프리

스는 몇 년에 걸쳐 개코원숭이부터 여우원숭이, 바다표범, 젖소, 쥐, 개구리, 사람 그리고 식물에 이르기까지 닥치는 대로 DNA 필름을 관찰했다.

그러던 어느 날 아침, 제프리스는 여느 때와 마찬가지로 한 가족의 DNA 필름을 들여다보는 중이었다. 그때 문득 신기한 것이 제프리스의 눈에 들어왔다. 여러 DNA 가닥을 비교하다 보니 눈에 띄는 공통점과 차이점이 관찰되었던 것이다. 제프리스는 바로 그 공통점으로 가족 구성원을 찾고, 차이점으로 개개인을 구별할 수 있다는 사실을 깨달았다!

제프리스가 발견한 것은 금세 'DNA 지문'이라는 이름으로 세상에 널리 알려지게 되었다.

영국 신문에 DNA 지문이 소개되고 얼마 지나지 않아 제프리스는 런던의 한 변호사로부터 다급한 전화를 받게 된다. 영국의 출입국 관리소에서 아프리카 가나 출신의 남자아이 한 명을 강제로 추방하려 한다는

개똥의 주인을 찾아라!

2014년, 이탈리아 나폴리의 시장은 길가에 버려진 개똥을 수거하여 DNA 검사를 실시하겠다고 발표했다. 그 후 나폴리에서는 누구든 개를 기르려면 정식으로 시청에 등록한 뒤 혈액과 DNA 지문 검사를 받아야 한다. 도시 환경 관리 기관은 도로에 아무렇게나 버려진 개똥을 실험실로 보내 개 주인을 찾아 벌금을 물린다.

것이었다.

다른 가족들은 영국 입국을 허가받았는데, 그 아이만 다시 가나로 되돌아갈 위기에 놓여 있단다. 혈액 검사 결과 어떤 식으로든 그 아이와 가족이 혈연관계라는 사실은 알아냈는데, 직계 가족이라는 증거가 없다는 게 이유였다. 다시 말해 그 아이가 아들이 아니라 조카나 사촌일 가능성이 있다는 것이었다.

제프리스가 그 아이를 도와줄 방법이 있었을까? 제프리스는 새로 개발한 DNA 지문 분석 기법으로 그 아이가 어머니의 친아들라는 사실을 입증해 주었다. 덕분에 강제 출국 명령이 취소되어 아이는 가족들과 함께 영국에 남았다. 이것이 바로 DNA 지문 분석을 통해 해결한 최초의 사건이다.

DNA 증거로 억울한 죽음을 막는다

1970년, 캐나다 서스캐처원에 살고 있던 열일곱 살 데이비드 밀가드는 간호조무사를 살해한 혐의로 유죄를 선고받았다. 계속해서 무죄를 주장했지만 밀가드에게는 결국 종신형이 내려졌다. 항소도 모두 기각되었다. 이후 밀가드의 삶은 한 편의 범죄 소설이라고 해도 무방할 만큼 극적으로 전개되었다!

- 1973년 : 가까스로 탈옥하지만 금세 붙잡힌다.

- 1980년 : 다시 탈옥에 성공하지만 등에 총을 맞고 체포된다.
- 1991년 : 법무부 장관이 밀가드와 관련된 소송은 재개하지 않겠다고 선언한다.
- 1992년 : 감옥에서 풀려나지만 무죄 판결은 받지 못한다. 그러나 어머니의 헌신적인 구명 운동과 캐나다 수상의 도움으로 대법원으로부터 이 사건을 재검토하겠다는 약속을 받아 낸다.
- 1997년 : DNA 증거로 인해 마침내 무죄라는 사실이 입증된다.

데이비드 밀가드는 약 이십이 년이나 억울한 감옥살이를 했다. 서스캐처원 주에서는 그 보상금으로 밀가드에게 약 90억 원을 지급했다.

밀가드의 혐의를 벗겨 준 DNA 증거는 억울함만 밝힌 게 아니라 다른 용의자까지 지목했다. 과거에 비슷한 범죄를 저질렀던 인물이었다. 앨릭 제프리스의 DNA 지문 분석이 다시 한번 빛을 발하는 순간이었다. 1984년 이후로 DNA 지문 분석 기술은 전 세계에 걸쳐 수백만 건이 넘는 범죄 사건을 해결해 왔다.

몸에 남은 증거를 찾다

2004년 12월 26일, 동남아시아를 덮친 쓰나미로 인해 28만 명이 넘는 사람들이 목숨을 잃었다. 특히 푸껫섬에서 사망한 사람들 가운데는 여행자들이 아주 많았다. 아시아, 유럽, 북아메리카 등 세계 곳곳에서 모여든 사람들이, 따뜻한 태양이 내리쬐는 해변에서 겨울 휴가를 즐기던 중에 일어난 재난이었기 때문이다.

희생자 중에 여행객이 많았기 때문에 머나먼 곳에서 가족의 소식을 기다리는 사람들은 애간장이 탔다. 그렇다고 당장 비행기를 타고 지옥이나 다름없는 푸껫으로 날아갈 수도 없는 노릇이었다. 그러니 그저 텔레비전 앞에 앉아 뉴스를 보며 일이 어떻게 돌아가는지 추측하는 것 말고는 달리 방법이 없었다.

정말 내 가족이 죽었을까? 죽었다면 시체는 찾았을까? 혹시 바닷속 깊이 가라앉았거나 해변에서 실종된 건 아닐까? 살아 있다고 해도 크게 다쳤다면 어떻게 하지? 등등 별별 생각이 머릿속에 떠올랐을 것이다.

DNA 증거는 꼭 필요해!

지난 십여 년 동안 미국에서는 최소한 열다섯 명의 사형수가 DNA 증거로 목숨을 건졌다. 사형 제도에 반대하는 인권 운동가들은 DNA 증거가 제대로 쓰이지 않을 경우, 죄 없는 사람들이 억울한 죽음을 맞을 수도 있다고 걱정한다. 그러므로 모든 주에서 반드시 DNA 증거를 철저히 조사하고 활용한 뒤에, 반드시 보관해야 한다고 주장하고 있다.

2004년, 태국의 해변을 덮친 거대한 쓰나미의 모습.

쓰나미가 지나간 후, 중국 정부는 의료 및 구호 요원들과 함께 네 명의 DNA 전문가를 꾸려 재난 현장에 급히 파견했다. DNA 전문가들은 하루에 4,500구씩 시신의 DNA를 분석하여 사망자들의 데이터베이스를 서둘러 구축했다.

덕분에 세계 각지에 흩어져 있던 가족들은 각자 DNA를 검사하여 온라인으로 사망자의 데이터와 비교해 볼 수 있었다. 즉, DNA를 통해 희생자 명단 가운데 자신의 가족이 있는지 찾아내었던 것이다.

내 DNA 정보를 지켜라

정부와 경찰은 자꾸자꾸 더 많은 사람들의 유전 정보를 모아서 저장하고 싶어 한다. 범죄자를 추적하는 데 여러모로 유용하기 때문이다! 예를 들어 샘이라는 사람이 스무 살 때 어떤 가게에 들어가 도둑질을 했다고 가정해 보자. 샘은 현장에서 붙잡혀 유죄를 선고받았다. 그러면 샘의 유전 정보는 자동으로 경찰의 데이터베이스에 저장된다.

그로부터 십 년 후, 경찰은 어느 살인 사건 현장에서 DNA 증거를 발견한다. 그런데 그 증거가 샘의 유전 정보와 일치한다면 경찰은 샘을 유력한 용의자로 지목할 가능성이 높다.

그러면 이번에는 조금 더 복잡한 상황을 상상해 보자. 경찰이 현장에서 찾은 DNA 증거가 데이터베이스에 저장된 누구의 유전 정보와도 들어맞지 않는다. 그런데 그 증거가 샘의 유전 정보와 부분적으로 일치한다는 사실이 밝혀졌다. 만일 범인의 염색체가 XX형이라면, 경찰은 샘의 가족 중에서 여성을 추적하려 할 것이다. 반대로 XY형이라면 샘의 가족 중에서 남성을 쭉 훑어볼 것이다.

이 책에 등장하는 탐정도 용의자 열두 명 모두에게 DNA 표본을 요구했다. 결국 범인은 한 명이었지만, 죄가 없는 열한 명의 유전 정보도 경찰의 데이터베이스에 저장된 셈이다.

과연 이게 바람직한 걸까? 미래에 발생할지도 모를 사건을 해결하는 데는 도움이 될 수도 있을 것이다. 그런데 만약 정부가 데이터베이스를 다른 곳에 쓰려고 마음먹는다면 어떻게 될까? 시민들의 유전 정보가 허

락도 없이 과학자들에게 넘어갈 수도 있고, 혹은 보험 회사의 손에 들어갈 수도 있다. 그러면 보험 회사에서는 누가 암에 걸릴 확률이 높은지 미리 조사하려 들지도 모른다.

그래서 몇몇 국가에서는 시민들이 나서서 개인의 DNA에 대한 권리 보호 운동을 하고 있다. 하지만 DNA 권리라는 건 너무나 낯설고 새로운 분야이기 때문에 빠져나갈 구멍도 상당히 많다.

만일 여러분이 보석 가게 도난 사건의 용의자로 몰린 상황이라면 무조건 여러분의 DNA를 경찰에 제공해야 할까? 법적으로 반드시 그렇게 해야 하는 나라도 있다. 물론 거부할 권리를 주는 나라도 있다. 어떤 나라에서는 판사가 상황에 맞게 결정하기도 한다.

과연 어떤 선택을 해야 옳을까?

뒷이야기

요즘은 개인의 DNA 간에 아주 미세한 차이까지도 구별할 수 있는 기술이 나왔어요. 심지어 후생 유전적 변화까지도 읽어 낼 정도로 빈틈이 없죠. 현재로서는 일란성 쌍둥이의 DNA를 구별할 수 있는 유일한 방법이에요.

최신식 초정밀 DNA 검사를 말씀하시는 거군요! 검사 비용이 굉장히 비쌀 텐데요.

도둑맞은 보석보다 비싸지는 않아요. 게다가 사건을 해결하는 게 훨씬 중요하니까요. 장갑에서 나온 DNA의 주인은 피아 너트였어요. 그렇게 고가의 보석을 훔치고 딱 잡아뗐으니 법정에서 진땀깨나 빼겠군요.

쇼핑 센터

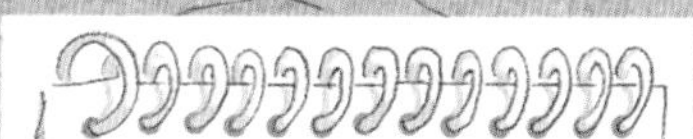

알고 보니 피아 너트는 지난 몇 년간 돈을 펑펑 쓴 탓에 빚더미에 올랐다고 한다. 그렇지만 쌍둥이 헤이즐 너트가 자기보다 화려한 보석을 주렁주렁 달고 있는 모습은 차마 볼 수가 없었다! 그게 바로 보석을 훔친 동기였다. 수사 종결!

7 아직 끝나지 않은 사건

DNA를 둘러싼 윤리적 딜레마

우리의 명탐정이 보석 도난 사건의 용의자 범위를 차근차근 줄여 나간 과정을 함께 되짚어 보자. 우선 용의자들의 유전 정보를 분석하여 색맹인 해커 박사를 가장 먼저 제외시켰다. 범죄자 기록을 검토한 끝에 테리 빌도 용의 선상에서 배제했다.

실험실에서 DNA 분석 결과를 넘겨받은 후에는 수사망을 더욱 좁혔다. 도둑이 북유럽 출신 여성이라는 사실이 드러났기 때문이다. 마지막으로 최신 DNA 분석 기술을 활용하여 한 명의 범인을 검거했다. 바로 슈퍼모델인 피아 너트!

DNA 지문 분석 기술의 발달로 인해 경찰의 범죄 수사 방식에도 많은

해커 박사는 2장에서 용의자들 가운데 첫 번째로 혐의를 벗고 풀려났다.

테리 빌은 3장 이후에는 더 이상 등장하지 않는다.

4장 마지막 부분에서 남성 세 명이 용의선상에서 제외된다. 러스티 해머, 스탠 스틸, 드웨인 파이프. 북유럽 출신이 아닌 사람도 풀려나게 되었다. 디 재스터, 데이지 피커, 아이다 가터웨이.

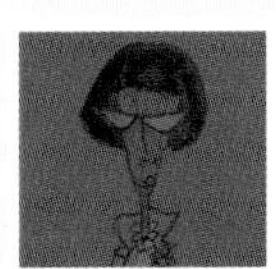

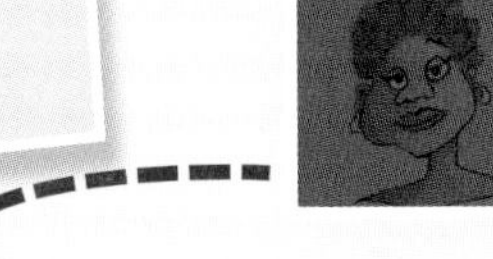

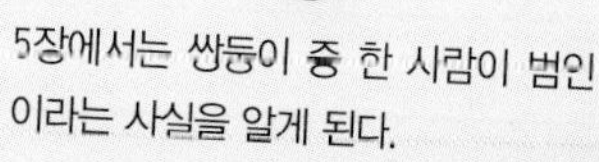

5장에서는 쌍둥이 중 한 사람이 범인이라는 사실을 알게 된다.

마지막 장에서 드디어 피아 너트를 체포한다!

변화가 있었다. 하지만 알다시피, 유전학 연구가 우리 삶에 미치는 영향은 이것 말고도 아주 다양하다. 사실은 과학자들도 이제 막 놀라운 가능성들을 시험하기 시작하는 단계라고 볼 수 있다. 다가올 미래에는 인간의 수명을 연장하는 방법도 차차 알아 가게 될 것이다. 또 세계 식량 생산량을 늘려 기아 문제를 해결할 수 있을지도 모른다.

이처럼 유전학의 발전이 우리 삶에 큰 도움을 주고 있다는 것은 부정할 수 없는 사실이다. 그러나 유전학에 관련된 기술을 활용함으로써 발생하는 잠재적 피해는 없을까? 과연 모든 기술이 인류에게 이롭기만 한 걸까? 또 어떤 점이 이롭고, 어떤 점이 해로운지는 누가 결정하는 걸까?

다음의 세 가지 윤리적 딜레마를 살펴보고 스스로 한번 생각해 보자. 과연 어디까지 선을 그어야 할까?

• 유전병

이제는 유전자 검사만 받으면 앞으로 유전병에 걸릴 위험이 얼마나 되는지 단번에 알 수 있는 세상이 왔다. 그런데 이런 경우는 어떻게 해야 할까?

1. 여성들은 유전자 검사를 통해 유방암 발병 확률을 미리 알 수 있다. 그러나 확률이 높게 나왔다고 해서 그 사람이 반드시 유방암에 걸리는 것은 아니다. 그래도 결과에 따라 예방적 치료를 선택하는 여성도 있다. 그런 예방적 치료가 반드시 필요한 걸까?
2. 만일 개인의 유전 정보가 보험회사의 손에 넘어가면 어떻게 될까? 보험회사가 희귀한 유전적 결함이 있는 사람의 보험 가입을 거절할지도 모른다.

• **인공 아기**

요즘은 임신 중에도 아직 태어나지 않은 아기의 유전 정보를 미리 알 수 있다. 그러면 이런 문제가 생기지 않을까?

1. 아기에게 다운 증후군 같은 유전 병이 있다는 걸 알게 되면 임신 중단을 선택하는 부모가 생길 것이다. 아기를 성별에 따라 고르는 상황이 발생할 수도 있다.
2. 아기의 유전자를 마음대로 고치려는 부모도 있을 것이다. 더 건강하고, 더 똑똑한 아이를 낳으려는 목적으로 말이다.

• **DNA 지문**

경찰은 살인과 같은 중범죄가 발생하면 반드시 현장에서 DNA 증거를 수집하여 보관한다. 하지만 정보를 보관하는 것이 무조건 옳은 일일까?

1. 경찰은 주요 범죄자의 DNA 정보를 모조리 저장하고 있다. 앞으로 경찰이 보관하는 시민들의 유전자 정보량은 점점 불어나게 될 것이다.
2. 아주 사소한 위법 행위로 간단히 조사만 받은 사람도 경찰에게 DNA 정보를 넘겨주어야 할까? 국가가 전 국민을 대상으로 방대한 양의 DNA 데이터베이스를 구축하게 될 수도 있다.
3. 만일 해커가 무단으로 경찰 정보망에 침입하여 사람들의 DNA 정보를 훔치면 어떻게 될까? 타인의 신분을 함부로 도용하거나, 심지어 범죄 현장에 거짓 DNA 정보를 심어 놓는 또 다른 범죄가 발생할지도 모를 일이다.

이 가운데 어떤 일들은 이미 실제로 우리 주변에서 발생하고 있다. 물론 몇몇은 너무 허황된 이야기로 들릴 수도 있다. 하지만 지금과 같은 속도로 유전학이 발전하다 보면, 어느새 위와 같은 윤리적 딜레마가 현실이 되어 있을지도 모른다. 사실 유전학의 역사를 돌아보면, 터무니없게만 여겨지던 이야기 중 일부는 사실에 뿌리를 둔 사건들이었다는 전례가 이미 있으니까 말이다.

쌍둥이의 완전 범죄

이렇게 특이한 범죄 사건이 실제로도 일어날 수 있냐고? 물론이다!

2009년 1월 25일, 독일의 한 유명 백화점에서 수천만 원짜리 보석이 사라졌다. 당시 범죄 현장을 녹화한 영상을 본 사람들의 말에 따르면 마치 할리우드 영화를 보는 것 같았다고 한다. 도둑들은 이층 높이의 창틀에 밧줄로 만든 사다리를 걸고 재빨리 매장 안으로 침입해서, 바람처럼 날쌘 동작으로 동작 탐지기와 경보기를 피해 보석 진열장을 열었다. 원하는 것을 손에 넣은 도둑들은 유유히 백화점을 빠져나갔지만, 이튿날 아침이 밝을 때까지 사람들은 보석이 사라진 줄조차 모르고 있었다.

현장에 출동한 경찰은 두 가지 증거를 발견했다. 밧줄로 만든 사다리와 장갑 한 짝. 그리고 장갑에서 DNA 표본을 채취하는 데까지 성공했다. 문제는 여기서 발생한다. 그 DNA의 주인이 두 명, 그러니까 쌍둥이였던 것이다!

경찰은 곧 스물일곱 살 청년인 아바스와 하산을 긴급 체포했다. 하지만 금방 해결될 것 같던 사건이 고비를 맞았다. 아바스는 하산이 보석을 훔쳤다고 주장하고, 하산은 아바스를 범인으로 지목했기 때문이다. 단순히 DNA 표본만으로는 쌍둥이 중 누가 범인인지 알 수가 없었다.

혹시 최신 기술을 통해서라면 범인을 가려낼 수 있었을지도 모른다. 일란성 쌍둥이가 갖고 있는 DNA의 미묘한 차이까지 구별할 수 있는 고성능 분석 기술이 막 발표된 참이었으니까. 하지만 당시로서는 너무 최신 기술이라 아직 검증이 되지 않았다는 이유로 독일 대법원이 증거로 채택하지 않았다.

결국 경찰은 그대로 쌍둥이를 풀어 줄 수밖에 없었다. 당시로서는 그야말로 완전 범죄였던 셈이다!

DNA의 발견에서 유전자 조작까지

DNA 탐정

첫판 1쇄 펴낸날 2016년 9월 23일
10쇄 펴낸날 2024년 6월 3일
개정판 1쇄 펴낸날 2024년 11월 15일

지은이 타니아 로이드 치
그린이 릴 크럼프 **옮긴이** 이혜인
펴낸이 박창희
편집 홍다휘 백다혜 **디자인** 배한재
마케팅 박진호 **홍보** 김인진
회계 양여진 김주연

펴낸곳 (주)라임
출판등록 2013년 8월 8일 제2013-000091호
주소 경기도 파주시 심학산로 10, 우편번호 10881
전화 031) 955-9020, 9021 **팩스** 031) 955-9022
이메일 lime@limebook.co.kr **인스타그램** @lime_pub
홈페이지 www.prunsoop.co.kr

ISBN 979-11-94028-28-4 44470
979-11-951893-8-0 (세트)